生命科学系列丛书

甜菜耐盐种质资源筛选及其耐盐机理研究

王宇光 著

黑龙江大学出版社
HEILONGJIANG UNIVERSITY PRESS
哈尔滨

图书在版编目（CIP）数据

甜菜耐盐种质资源筛选及其耐盐机理研究 / 王宇光
著 . -- 哈尔滨 ： 黑龙江大学出版社， 2020.8
ISBN 978-7-5686-0424-6

Ⅰ . ①甜… Ⅱ . ①王… Ⅲ . ①甜菜－耐盐性－分子机
制－研究②甜菜－抗旱性－分子机制－研究 Ⅳ .
① S566.301

中国版本图书馆 CIP 数据核字（2020）第 021380 号

甜菜耐盐种质资源筛选及其耐盐机理研究
TIANCAI NAIYAN ZHONGZHI ZIYUAN SHAIXUAN JI QI NAIYAN JILI YANJIU
王宇光　著

责任编辑　于　丹
出版发行　黑龙江大学出版社
地　　址　哈尔滨市南岗区学府三道街 36 号
印　　刷　哈尔滨市石桥印务有限公司
开　　本　720 毫米 ×1000 毫米　1/16
印　　张　13.75
字　　数　211 千
版　　次　2020 年 8 月第 1 版
印　　次　2020 年 8 月第 1 次印刷
书　　号　ISBN 978-7-5686-0424-6
定　　价　42.00 元

目　　录

第一篇　甜菜耐盐突变体的筛选

第二篇 盐胁迫下甜菜耐盐和盐敏感品系 响应蛋白及适应机制研究

第三篇 甜菜 M14 品系半胱氨酸 蛋白酶抑制剂基因功能的研究

第一篇
甜菜耐盐突变体的筛选

第1章　绪论

1.1　甜菜简介

甜菜(*Beta vulgaris* L.)栽培始于 18 世纪后半叶,历史较久。甜菜是我国糖料加工的主要原料之一,在我国主要种植在东北、西北以及华北,同时也是北方特有的经济作物。近年来随着气候变暖、工业污染、化肥不当使用,土地盐碱化、荒漠化日益加剧,北方的甜菜种植面积减少,对种植业的整体结构产生了极大的影响。

甜菜送入工厂加工后会有大量副产品,其中产生量最大的如糖蜜、甜菜粕等。大量开采石油能源,使环境问题日益严重,着重研究开发新型、清洁的生物质能源已成为全世界共同关注的问题。糖蜜经加工可生产乙醇、甲醇、丁醇等化工产品,用作燃料开发。甜菜的根部、叶片都含有丰富的营养,作为饲料在养殖方面有很大利用前景,在酿酒产业中也有重要地位。甜菜对人体有很多益处,可以防癌保健,对高血压等也有预防效果。

1.2　甜菜耐盐机理的研究进展

1.2.1　耐盐机理

含盐量高于 0.8% 的盐渍土很难种植作物,盐渍土对植物不同物种或同一物种的不同品种的危害程度不尽相同。盐分会使植物干物质积累量减少、缺水后渗透势改变、光合作用及呼吸作用降低,还会产生离子毒害、抑制蛋白质合成、影响核酸的新陈代谢。盐渍土会引起植物根部细胞内与细胞外环境的变化,细胞膜会受到盐分的胁迫,植物细胞的渗透势发生改变,严重的话引起植物死亡。过高的盐分对甜菜的生长有抑制作用,可以使甜菜脱水干枯甚至死亡。但是轻度盐分对甜菜生长和产品质量无明显影响,在中重度盐渍土中甜菜亦有较高的生物产量和经济产量,这是由于甜菜是耐盐作物。

在盐胁迫的环境下,植物细胞最直观的表现是细胞失水,植物体的新陈代谢会受到极大的影响。甜菜细胞通过渗透调节作用机制,不断调节细胞内外的渗透势,极大地增加甜菜细胞从外界环境中主动吸收水分的能力,从而使甜菜能更好地存活于盐胁迫的环境。在盐胁迫的条件下,植物体内的蛋白质类、多胺类、氨基酸、甜菜碱、糖类等有机分子也起到重要的调节作用,可以促进生长。Kaveh 等人认为,在植物生长代谢的过程中,无论是无机物还是有机物,都对植物耐盐的渗透调节起至关重要的作用。张新春等人提出,植物合成有机物的过程需要消耗大量的能量,但这些有机物对植物的生长是必不可少的。

有研究表明,在盐胁迫的刺激作用下,脯氨酸的合成水平有所提高,可以帮助组织体系维持一定渗透势,并保护代谢酶系统的活性。因为在盐胁迫条件下,脯氨酸充当必要的信号分子,调节细胞恢复基因的表达。脯氨酸不仅具有渗透调节作用,还能充当活性氧清除剂并稳定蛋白质和膜的结构。Farkhondeh等人在盐胁迫的作用下对耐盐甜菜品种 A 与普通甜菜品种 B 进行分析,发现品种 A 中脯氨酸含量显著高于品种 B,同时品种 A 中细胞膜损伤指数也明显低于品种 B,证实了脯氨酸除具有调节甜菜细胞渗透势的作用,还能维持细胞膜的稳定性。因此,研究者们通过大量的试验及综合分析,得到一个结论:如甜菜细胞中的脯氨酸含量高,那该植株的耐盐性相应也比较高,如甜菜细胞中的脯氨酸含量低,则该植株的耐盐性相应也比较低。脯氨酸可以用来鉴定甜菜对盐的耐受性。

甜菜碱在正常的植物生长体系中含量较少,但在盐胁迫的条件下含量会显著上升。甜菜碱本身不带电荷,并且作为小分子其合成比较容易,可以维持细胞较低的渗透势,保证细胞的正常功能。甜菜碱的合成受多种物质调节,胆碱是其合成前体。所以,甜菜碱产生较多的植株一定是耐盐植株,这可以作为筛选耐盐突变体的条件。

1.2.2　研究进展

一定盐环境可以促进某些耐盐植物萌发,比如在较低盐浓度下碱茅种子的发芽率提高。对于大多数植物来说,盐浓度过高的环境下种子的发芽率会明显降低,主要是受外界高浓度盐的影响,细胞外部的自由水变为束缚水,且对种子产生渗透压力,使其胚芽受损。随着土地盐碱化的加重,盐分使植物的渗透调节能力下降,渗透胁迫也会使得植株原生质体脱水,导致植株死亡,所以越来越多的研究人员开始进行植物耐盐性的研究。

早在 1988 年,牟永花等人发现,NaCl 处理下 K^+ 的积累与番茄植株生长呈现正相关性。钟新榕研究在盐胁迫下黄瓜的发芽受损情况后发现,盐胁迫下,黄瓜植株严重失水,生命特征几乎消失,加入 ABA 及 GA_3 缓解了盐胁迫对黄瓜幼苗的损伤。魏国强等人选取耐盐性较强的“津研 4 号”进行试验,最后发现,相对较高的 SOD(超氧化物歧化酶)活性与“津研 4 号”本身有较高的耐盐性有关。付艳等人对不同浓度的盐胁迫下玉米耐盐敏感性进行分析,发现随盐浓度的增加,玉米中的 SOD 活性先增加后降低,对玉米耐盐品种的筛选具有指导意义。由此可以看出,盐胁迫对植物的生长有着极大的影响。甜菜是耐盐植物的代表性作物,对其进行研究具有更重要的意义。

国内外有许多科研人员以甜菜为试验对象进行了相关研究,取得了一定的成果。柏章才等人对 2011 年国家甜菜品种试验区的 6 个甜菜品种进行研究,其中有 3 个品种产糖量稳定,含糖率较好,有较高的使用价值。李彦丽等人发现引进的优良甜菜新品种 Beta866 比对照品种的含糖量高 9.8%,并且该品种出糖率高、产量稳定。还有许多学者对甜菜的耐盐性进行了研究。秦树才等人分析了甜菜的耐盐性以及甜菜在开发盐碱地中的作用,为甜菜抗盐性的鉴定提供了方法。陈业婷等人为了探讨甜菜耐盐机理以及不同盐浓度下甜菜耐盐性机制的差异,对 40 个甜菜品种进行耐盐性试验,发现随着盐浓度的增加、盐处理时间的延长,不同品种的甜菜丙二醛(MDA)含量和叶片质膜透性明显呈现上升趋势。

Nabizadeh 等人为了研究盐胁迫对甜菜体内脯氨酸以及质膜的影响,调整

NaCl 的浓度处理甜菜,结果表明,随着盐处理时间的延长,耐盐的甜菜品种 MDA 含量和质膜透性明显上升,同时得出可以用 MDA 含量和质膜透性来评定甜菜品种是否耐盐的结论。Schmidhalter 等人阐述了植物对营养物质的吸收利用,以及干旱盐碱情况下植物的响应。

1.3　植物组织培养

1.3.1　植物组织培养简介

利用植物细胞的全能性,将植物体的细胞、原生质体、组织、器官或者幼小植株等,放在无菌环境中,让其生长发育的方法称为植物组织培养。植物组织培养技术具有悠久的历史,可以追溯到 19 世纪,德国植物学家 Schleiden 和动物学家 Schwann 提出细胞学说,直到 19 世纪中叶,这一理论才得到完善。细胞学说证实了所有物种结构上的统一性和进化上的同源性,推动了生物学的进程。

随着细胞学说的推进,植物组织培养技术得到了发展,形成了比较完整的体系并得到了一定程度上的应用,特别是在珍贵的花木和农作物方面,解决了种植困难、地域限制等问题,取得了巨大的社会效益和经济效益。

植物离体组织培养的对象大多是脱离植物母体的外植体,培养外植体的器皿多数为试管或者三角瓶,所以植物组织培养也叫作离体培养或试管培养。适宜的培养条件下,具有遗传信息的离体细胞能发育成完整的生命个体,形成具有遗传功能的植株,这就是细胞全能性的概念。在一株完整的植物上,具有独立功能的体细胞只表现某些形态或行使某些功能,这是由于这些体细胞受到某些器官或组织的调控,但其遗传特征并没有丧失。这些体细胞一旦脱离原有器官或组织的控制,在适宜的培养条件下,就可能表现出细胞的全能性,发育成完整植株。

利用组织培养技术解决植物快速繁殖的问题,是我们常用的一种手段,尤其对于优良基因难以遗传的名贵植物或者杂交植物,具有非常重大的意义。

1.3.2　植物组织培养技术在甜菜上的应用

目前,组织培养技术在甘蓝、水稻、马铃薯、向日葵等方面的研究很多,是因为这些作物更容易培养发芽,但是组织培养技术在甜菜中的研究仍具有一定的局限性。甜菜是一种难进行组织培养的作物,它的整齐度比较差。有些突变株的优良基因难通过繁殖遗传给下一代,所以利用组织培养技术对甜菜进行研究,不仅可以使甜菜进行大量繁殖、提供优质试验材料,还可以使甜菜的优良基因得以保存。

组织培养技术也存在一定的局限性,例如愈伤组织难以诱导、组织培养重复性差、植株筛选再生受基因型限制、突变体遗传基因不稳定等等,这些都会影响到基因工程技术在甜菜育种上的应用。Nabors 领导实验室人员通过增加 NaCl 浓度的方法,经过 3 年不断试验获得了第一个烟草的耐盐细胞并再生出耐盐植株,为后续试验奠定了基础,并且这个耐盐的烟草植株可以连续自交 2 代,将基因稳定遗传给后代。这是第一例关于耐盐性基因筛选可遗传给后代的报道,为甜菜的组织培养奠定了基础。

目前,对甜菜组织培养的报道很多,如:李建平等人通过分析两个新疆的甜菜品系,以培养基、植物生长调节剂浓度配比、外植体的再生能力为比较对象,建立了适合新疆甜菜的组织培养及植株再生体系;吴则东等人系统地介绍了组织培养技术在甜菜的繁殖、新种质的培育等方面的研究进展,同时对甜菜组织培养的发展方向进行了展望,对后续试验的研究有重要的指导意义;师楠以长蕊甜菜树为试验材料,分析不同细胞分裂素以及其不同浓度对甜菜树芽萌发的影响,最终确定了细胞组织分化培养的最佳培养基;段肖霞等人应用 PAGE 对甜菜组织培养过程中同工酶及蛋白质含量的动态变化进行分析,发现加入 6 - BA(6 - 苄基腺嘌呤)后甜菜细胞中的同工酶和可溶性蛋白在 PAGE 中呈现了酶带条数和颜色深浅的变化,这是由于外源基因的加入使甜菜具有了标志性,关于其转基因的效果还需做进一步的分析。

综上所述,对甜菜组织培养的报道很多,涉及的方向也很多,为后续试验奠定了良好的材料基础。

1.3.3　耐盐突变体的筛选与鉴定

1.3.3.1　耐盐突变体的筛选方法

利用组织培养技术筛选耐盐突变体通常是选用愈伤组织或者悬浮细胞系,由于悬浮细胞系制备起来没有愈伤组织容易,所以用愈伤组织进行组织培养研究的报道更多一些。随着我国土壤盐渍化程度的加深,对于耐盐植株的筛选就显得更加重要。有大量研究证明,通过愈伤组织获得的再生苗,其遗传基因能够更好地遗传,其更适合作为转化外源基因的受体植物。利用组织培养技术筛选耐盐突变体的研究越来越多。

Dar 等人认为甜菜组织培养获得再生植株最有效的方法是直接利用器官进行培养,而通过愈伤组织等非直接途径成活效率较低。他们尝试通过试验筛选出优势菌株,降低体细胞变异概率并且缩短植株获取的周期,使克隆的再生植株遗传基因稳定。郝秀英等人根据甜菜营养生长的特点,在 MS 培养基中添加 6 – BA、NAA(萘乙酸)以及 IBA(吲哚丁酸),建立了由外植体直接再生植株的技术,为甜菜的组织培养奠定了良好的基础。杨爱芳在博士论文中以 14 个甜菜品种为材料,分别以甜菜的幼胚、叶柄和沙培小苗下胚轴切段作为外植体,发现无论是同一基因型还是不同基因型的甜菜外植体,愈伤组织诱导率都存在明显差异,由下胚轴和叶柄诱导的愈伤组织继代培养试验表明耐盐性有助于培育具有耐盐能力的作物新品种,同时还综述了植物对盐胁迫的感应、信号传导、盐胁迫下的解毒途径等方面的表观遗传研究等。

组织培养技术体系成熟,应用广泛,而且方便、有效。关于利用组织培养技术筛选耐盐突变体的报道很多,为本书奠定了良好基础。

1.3.3.2　耐盐突变体的鉴定

最直观的鉴定方法为形态学鉴定,就是根据植株的长势、大小、叶片的颜色与形状、生根情况以及状态等指标来判断植株是否为耐盐突变体。这种方法虽然直接简单,但也存在不够准确的弊端。

植物耐盐机理十分复杂,植物受到盐胁迫时还会产生一系列生理生化指标的变化,因此,根据生理生化指标的差别鉴定耐盐突变体也是常用的方法。目前这一方法的研究方向主要集中在无机离子积累、游离脯氨酸的变化以及酶活性的变化等。研究发现,在盐胁迫下,大麦、玉米、水稻、烟草、杨树和大蒜等植物耐盐细胞游离脯氨酸含量高于对照。李周岐等人在研究 7 个河北杨耐盐突变体时发现氨基酸代谢均发生显著变化,各突变体的变化程度和方式均不同。SOD、CAT(过氧化氢酶)、POD(过氧化物酶)是植物膜脂过氧化防御系统中重要的保护酶,共同组成了生物体内活性氧防御系统,当植物受到盐胁迫时,它们的活性会发生变化。一般耐盐性强的品种在逆境条件下的抗氧化酶的活性较强。研究表明,水稻的盐害指数越低,MDA 含量越低,SOD、CAT 活性越高,植株的耐盐性就越强。齐曼等人对盐胁迫下大果沙枣的研究也表明,随胁迫时间的延长,各处理浓度下的 SOD 和 POD 活性整体上呈增加趋势。卢兴霞等人在研究中华补血草组培苗对 NaCl 胁迫的生长及生理响应时发现,SOD 活性随胁迫时间的延长呈上升趋势。

甜菜是耐盐作物,研究耐盐作物对开发利用含盐量过高的盐渍土有重要意义。甜菜是我国主要的糖料作物之一,又可以作为养殖饲料和酿酒工业中的原料,所以甜菜的研究具有一定的经济意义。寻找更好的甜菜耐盐品系已成为重要的研究课题。组织培养技术在许多领域得到广泛的应用,虽然在甜菜上有一定的局限性,但也取得了一定的成绩,这对于甜菜这种自交不亲和性极强的异花授粉作物有重要的意义。

本书利用组织培养技术筛选和鉴定甜菜耐盐突变体,这在变异来源与变异谱上区别于辐射和人工诱变。本书以无菌苗和水培苗叶片、叶柄为材料进行试验,以期获得耐盐的甜菜植株。T710 是本实验室前期从 500 余份甜菜种质资源中筛选出的耐盐性较强的品系,具有较高的试验价值。本书欲通过培养基与植物生长调节剂浓度的筛选、光照条件的选择、扩繁条件的优化、愈伤组织诱导和生根培养等确定 T710 品系无菌苗最适宜的生长环境,建立一套相对完整的无性繁殖体系,为后续研究打下一定的基础。

第 2 章　试验材料、设备与主要培养基

2.1　试验材料

2.1.1　无菌苗的制备

　　试验选用甜菜耐盐品系 T710。用刀轻轻地将其多胚种子剖开,选择发育饱满、完整无缺、未受伤害的种胚(见图 1 - 2 - 1),在超净工作台里用 75% 乙醇浸泡并振荡,消毒 30 s 后用无菌水冲洗 3 次,将乙醇冲洗干净。之后用 0.1% 升汞浸泡并振荡,消毒 10 min,最后用无菌水反复冲洗,清洗干净后用滤纸吸干水分,接种到所选择的培养基中,并置于光照培养室中进行培养。

　　光照培养条件为(26 ± 1) ℃,光照 12 h,黑暗 12 h。光照强度为 1 000 lx。黑暗培养条件为(26 ± 1) ℃,在无光照的培养箱里。

（a）种子

（b）种胚

图 1 - 2 - 1   甜菜种子与种胚

2.1.2   外植体的制备

将 T710 品系的种子在 20 ℃温水中浸泡 1.5 h，再用流动水冲洗 4.5 h，后用 75% 乙醇消毒处理 2 min，之后用流水反复清洗种子，直到乙醇被冲洗干净。然后用 0.1% 升汞浸泡并振荡 15 min，继续用流水清洗种子至干净，用 0.2% 福美双溶液浸泡过夜，并于摇床上振荡。播种之前用流水多次冲洗。

将蛭石洗净置于 180 ℃烘箱中保持 6 h，冷却后置发芽盒中，加适量蒸馏水润湿后播种消毒过的种子,最后覆盖蛭石约 2 cm(盖住种子即可)。置于光照培养室中培养至发芽,光照培养室条件:光照强度 6 000 lx,每天光照时间为 4:00 ~ 11:00、12:00 ~ 19:00,昼夜温度为 25 ℃/20 ℃,湿度为 65%。

待种子萌芽(一般为播种第 6 天)后,选取长势均一、健康的幼苗移入盛有 20 L 改良 1/2 Hoagland's 营养液的水槽(水槽尺寸为 40 cm × 40 cm × 15 cm)中。待其长到 5 ~ 7 周,即可选取嫩叶及叶柄作为愈伤组织诱导的外植体。

2.2 主要设备

2.2.1 主要仪器

主要仪器有超净工作台、高压蒸汽灭菌器、培养箱、冰箱、加热磁力搅拌器、酸度计、微量移液器、分析天平等。

2.2.2 主要器械的准备

接种前需要将用到的主要器械(镊子、解剖刀、剪子、培养皿等)进行高压湿热灭菌。将器械用报纸包好后放到高压蒸汽灭菌器里,121 ℃ 下灭菌 15 min。待其冷却后放入烘箱烘干备用。

2.3 主要培养基

主要用到 4 种培养基:MS 培养基,1/2MS 培养基,RV 培养基,B5 培养基。由于 MS 培养基含有近 30 种营养成分,RV 培养基是在 MS 培养基成分基础上多加了十余种维生素和氨基酸,所以在培养基配制过程中,为了保证各物质成分的准确性,并避免每次都称量几十种培养基成分,先将所需试剂配制成 10 ~ 100 倍的浓缩母液,于 4 ℃冰箱保存备用。

MS 培养基需要的浓缩母液包括 10×大量元素母液、100×微量元素母液、10×铁盐母液、10×有机物母液。浓缩母液成分见表 1-2-1 至表 1-2-4。

表 1-2-1　10×大量元素母液

试剂	质量/g	使用浓度/(mg·L^{-1})
NH_4NO_3	16.5	1 650
KNO_3	19.0	1 900
$CaCl_2 \cdot 2H_2O$	4.4	440
$MgSO_4 \cdot 7H_2O$	3.7	370
KH_2PO_4	1.7	170

注：先将 $CaCl_2 \cdot 2H_2O$ 单独溶于 400 mL 水，其余 4 种试剂依次溶解后与其混合定容至 1 L，配 1 L 培养基取母液 100 mL。

表 1-2-2　100×微量元素母液

试剂	质量/mg	使用浓度/(mg·L^{-1})
KI	83	0.83
H_3BO_3	620	6.2
$MnSO_4 \cdot 4H_2O$	2 230	22.3
$ZnSO_4 \cdot 7H_2O$	860	8.6
$Na_2MoO_4 \cdot 2H_2O$	25	0.25
$CuSO_4 \cdot 5H_2O$	2.5	0.025
$CoCl_2 \cdot 6H_2O$	2.5	0.025

注：$CoCl_2 \cdot 6H_2O$ 和 $CuSO_4 \cdot 5H_2O$ 分别取 25 mg，定容于 100 mL 水中，每次取 10 mL 加入母液中。依次溶解其余几种试剂，将母液定容至 1 L。配 1 L 培养基取母液 10 mL。

表 1 - 2 - 3 10×铁盐母液

试剂	质量/mg	使用浓度/(mg·L^{-1})
FeSO$_4$·7H$_2$O	278	27.8
Na$_2$·EDTA	373	37.3

注:将 FeSO$_4$·7H$_2$O、Na$_2$·EDTA 分别溶解在少量水中,然后将其混合,边加边剧烈振荡,直至产生深黄色溶液,将 pH 值调至 5.5,定容至 100 mL。配 1 L 培养基取母液 10 mL。

表 1 - 2 - 4 10×有机物母液

试剂	质量/mg	使用浓度/(mg·L^{-1})
盐酸硫胺素(维生素 B$_1$)	1	0.1
盐酸吡哆醇(维生素 B$_6$)	5	0.5
肌醇	1 000	100
甘氨酸	20	2
烟酸	5	0.5

注:将几种试剂分别溶解后混合定容至 100 mL,配制 1 L 培养基取母液 10 mL。

RV 培养基在 MS 培养基的基础上加入 10 种维生素和 6 种氨基酸。将维生素配制成 100×母液、氨基酸配制成 10×母液,并置于 4 ℃冰箱保存。100×维生素母液成分与 10×氨基酸母液成分见表 1 - 2 - 5 至表 1 - 2 - 6。

表 1 - 2 - 5　100 × 维生素母液

试剂	质量/mg	使用浓度/(mg·L^{-1})
对氨基苯甲酸	20	0.2
抗坏血酸(维生素 C)	40	0.4
生物素	0.025	0.000 25
氯化胆碱	20	0.2
叶酸	1.5	0.015
烟酸	50	0.5
泛酸	40	0.4
盐酸吡哆醇(维生素 B$_6$)	50	0.5
核黄素(维生素 B$_2$)	1.5	0.015
盐酸硫胺素(维生素 B$_1$)	50	0.5

注:将叶酸和核黄素各取 15 mg 溶于 100 mL 水中,每次取 10 mL 加入母液中。再将生物素称取 25 mg 溶于 1 L 水中,每次取 1 mL 加入母液中。将母液定容至 1 L,配制 1 L 培养基取母液 10 mL。

表 1 - 2 - 6　10 × 氨基酸母液

试剂	质量/g	使用浓度/(mg·L^{-1})
精氨酸	0.4	40
天门冬酰胺	0.4	40
甘氨酸	0.2	20
谷氨酰胺	0.6	60
苯丙氨酸	0.2	20
色氨酸	0.4	40

注:依次溶解后定容至 100 mL,配制 1 L 培养基取母液 10 mL。

在培养基配制过程中,还会用到植物生长调节剂:6 - BA、NAA、IBA、IAA(吲哚乙酸)等。配制方法是先加入少量无水乙醇或 NaOH 溶液,预溶后配制成 0.4 mg/mL 的母液备用。培养基母液配制及培养基配制都采用去离子水,因为自来水中的氯离子会影响培养基中植物的生长,自来水中含有的金属离子还可能与培养基成分反应产生沉淀,影响植物吸收营养成分,而且自来水水质偏硬,会影响到培养基 pH 值的调配。配制培养基时所有母液用移液管量取,再加入不同量的蔗糖和琼脂。本书所用 MS 培养基加入蔗糖 30 g/L、琼脂 7 g/L,RV 培养基加入蔗糖 25 g/L、琼脂 6.5 g/L,再根据需要加入不同种类的植物生长调节剂。将烧杯放置在加热磁力搅拌器上加热搅拌,琼脂完全溶化后定容至所需量,用 1 mol/L NaOH 或 1 mol/L HCl 将 pH 值调到 5.8 ~ 6.0。分装后将培养基瓶封口,放入高压蒸汽灭菌器进行灭菌,121 ℃ 下灭菌 15 min,待其冷却凝固后,放入超净工作台备用。

第3章　耐盐突变体无菌苗的筛选

3.1　试验方法

3.1.1　无菌苗培养基优化

3.1.1.1　种胚萌发培养基的确定

将300粒表面灭菌的种胚用无菌滤纸吸干水分,分别接种到不添加任何植物生长调节剂的1/2MS、MS和RV培养基,光照条件下培养,在10 d和20 d时观察并记录萌芽率、芽长,初步找出最适合发芽的培养基类型。

确定最适培养基类型后,将种胚接种到最适培养基分别进行光照培养和黑暗培养,10 d后统计萌芽率和芽长,确定光照和黑暗对其影响。

选择对种胚萌芽有利的6 – BA和NAA,向最适培养基中分别添加0.1 mg/L、0.5 mg/L、1 mg/L、2 mg/L、3 mg/L,同时设空白对照培养10 d后观察并记录萌芽率和芽长,最终确定最适合种胚萌发的培养基植物生长调节剂水平。每个处理各接种24瓶,每瓶接种3粒种胚,每个试验重复3次。

萌芽率 = 种子萌芽数/(种子总数 – 染菌数)

3.1.1.2　无菌苗扩繁培养基植物生长调节剂水平的确定

种胚萌发后,待无菌苗长出1～2片真叶,将顶芽切下接入扩繁培养基进行扩繁。选用的培养基有RV培养基和MS培养基。确定最佳培养基后,选用两种植物生长调节剂进行试验设计,植物生长调节剂及其浓度分别为:6 - BA 浓度0.1 mg/L、0.2 mg/L、0.3 mg/L,IAA 浓度 0 mg/L、0.1 mg/L、0.2 mg/L、0.3 mg/L。

每个处理接 24 瓶,每瓶 2 株无菌苗,每个试验重复 3 次。继代 2 次,培养 20 d,计算出无菌苗芽数,研究不同植物生长调节剂浓度配比对无菌苗扩繁的影响。

3.1.1.3　耐盐突变体无菌苗筛选 NaCl 浓度的确定

选取长出 3 ~ 4 片叶子的无菌苗,在分别含有 0 mmol/L、70 mmol/L、140 mmol/L、210 mmol/L、280 mmol/L、350 mmol/L、420 mmol/L、490 mmol/L、560 mmol/L、630 mmol/L NaCl 的盐胁迫培养基中,继代 3 次,每个 NaCl 浓度接种 100 株无菌苗,初步确定 NaCl 浓度后进行 3 次重复试验。确定最适 NaCl 浓度。无菌苗存活率为 4% ~ 6% 时的 NaCl 浓度为耐盐突变体芽苗筛选最佳浓度。

3.1.1.4　无菌苗生根培养条件的确定

每个处理选择长势良好、株高 3 cm 以上的无菌苗,放入生根培养基。

首先进行最适生根培养基的筛选。以 1/2MS、MS、RV、B5 4 种培养基为基本培养基,分别附加适合生根的 IBA 3 mg/L,每个处理接种 60 瓶,每瓶 2 株无菌苗,每个试验重复 3 次。

然后采用 $L_9(3^4)$ 正交试验设计三因素三水平的试验:NAA 因素设为 0.5 mg/L、1.0 mg/L、2.0 mg/L 3 个浓度水平,IBA 因素设为 1.0 mg/L、2.0 mg/L、3.0 mg/L 3 个浓度水平,IAA 因素设为 0.1 mg/L、0.3 mg/L、0.5 mg/L 3个浓度水平。选择长势良好、株高 3 cm 以上的无菌苗,进行三因素三水平试验,20 d 后观测生根情况。每个处理接种 27 瓶,每瓶 3 株无菌苗,每个试验重复 3 次,记录生根率。

将进行 NaCl 浓度筛选后存活的无菌苗进行生根试验,20 d 后计算生根率,研究盐胁迫对无菌苗生根的影响。

3.1.2　无菌苗耐盐突变体筛选

重新剥选甜菜种子 4 000 粒,选取 2 500 粒饱满并无损的种胚,以最适萌芽条件得到无菌苗后进行分化,最终选取长势良好并均匀的无菌苗在最适 NaCl 浓度下进行筛选,每 7 d 继代一次,继代 8 次后,转入不含 NaCl 的生根培养基进行生根培养,以完成耐盐突变体的初步筛选。

每次继代对照株和试验株均留取 3 对叶片,用来记录各时期数据。

3.1.3　无菌苗耐盐突变体炼苗及移栽

待其分化出根(根长 1 ~ 2 cm)后,将培养瓶移到光照培养室培养 2 ~ 3 d,然后打开塑料薄膜炼苗 3 ~ 4 d,取出苗将其根部洗净移栽入改良的 1/4 Hoagland's 营养液中培养,每 3 d 更换一次营养液。光照培养室条件:光照强度 6 000 lx,光照时间为 4:00 ~ 11:00、12:00 ~ 19:00,昼夜温度为 25 ℃/20 ℃,湿度为 65% 。

3.1.4　耐盐突变体进一步筛选

当根足够粗壮时将试验株和对照株分别移栽入含有 0 mmol/L 和 280 mmol/L NaCl 的 1/4 Hoagland's 营养液中,NaCl 为每天加 70 mmol/L,分 4 次加完。在加 NaCl 前称量并计算平均单株鲜物质质量作为基础数值,记录加 NaCl 14 d 后的鲜物质质量,计算耐盐指数:

$$耐盐指数 = (\overline{m}_{盐处理} - \overline{m}_{基础})/(\overline{m}_{CK} - \overline{m}_{基础})$$

在加 NaCl 后不同时间点选取第 3 对叶片进行生理生化指标的测定。

3.1.5　耐盐突变体的一些生理指标的变化

3.1.5.1　甜菜叶片 SOD 活性测定

采用氮蓝四唑法对 SOD 活性进行测定。取上清液0.05 mL,加入 2 mL 50 mmol/L磷酸盐缓冲液(pH = 7.8,含 112.5 µmol/L氯化硝基四氮唑蓝、19.5 mmol/L 甲硫氨酸和 0.15 mmol/L 乙二胺四乙酸),再加入 0.95 mL 50 mmol/L 磷酸盐缓冲液(pH = 7.8,含 6 µmol/L 核黄素)。同时设置两个空白对照,其中一个空白对照置于避光处,其余试样及另一个空白对照置于光照强度为 100 lx 的环境下 20 min。在 560 nm 波长下测定样品的吸光度,用避光空白管校零,以在 560 nm 波长下氮蓝四唑反应产物吸光度减少量的 50% 作为一个 SOD 活性单位。

$$SOD\ 活性 = \frac{(A_{空白} - A_{样品}) \times 3 \times 1\,000 \times 60}{A_{空白} \times 50 \times 20 \times 0.5 \times m_{样品}}$$

3.1.5.2　CAT 活性测定

取上清液 0.2 mL,加入 5 mL 200 mmol/L 磷酸盐缓冲液(pH = 7.8,含 1% 聚乙烯吡咯烷酮)、1 mol/L 水和 0.4 mL 100 mmol/L 过氧化氢。于 240 nm 波长下测定吸光度,每分钟读数一次,共测定 4 min 并记录吸光度。

$$CAT\ 活性 = \frac{(A_0 - A_4) \times 3\,000}{4 \times 0.1 \times m_{样品} \times 100}$$

式中:A_0 为初始吸光度,A_4 为 4 min 时吸光度。

3.1.5.3　MDA 含量测定

采用硫代巴比妥酸显色反应法对 MDA 含量进行测定。取上清液 2 mL 于试管中,加入 2 mL 0.5% 硫代巴比妥酸试剂(含 10% 三氯乙酸)充分混合,100 ℃水浴 30 min。随后冰浴冷却终止反应。4 ℃ 4 000 g 离心 10 min,取上清液于450 nm、532 nm 和 600 nm 波长下测定吸光度,以 2 mL 硫代巴比妥酸和 2 mL 磷酸盐缓冲液为空白对照。

$$MDA\ 含量 = \frac{\left[6.45 \times (A_{532\,nm} - A_{600\,nm}) - 0.56 \times A_{450\,nm}\right] \times 2 \times 5}{m_{样品}}$$

3.1.5.4　脯氨酸含量的测定

称取 0.5 g 新鲜叶片,放入试管中,加入 5 mL 3% 磺基水杨酸溶液,100 ℃ 水浴提取 10 min,冷却至室温。取 1 mL 提取液与 2 mL 水、2 mL 乙酸、4 mL 2.5% 酸性茚三酮混匀,100 ℃ 水浴显色 30 min。冷却后加入 4 mL 甲苯混匀 以萃取红色物质,静置分层后吸取甲苯层于 520 nm 波长下测吸光度。以甲苯 为空白校零。

$$脯氨酸含量 = 线性回归值 \times 5 \div m_{样品} \div M_{脯氨酸}$$

3.2　结果与分析

3.2.1　无菌苗培养基优化

3.2.1.1　种胚萌发培养基的确定

(1)培养基类型对种胚萌发的影响

将种胚灭菌后分别接种到不添加任何植物生长调节剂的 1/2MS、MS、RV 培养基中,观察并记录培养 10 d 和 20 d 时的萌发情况。图 1 - 3 - 1 为不同培 养基中无菌苗在不同时间的发芽情况,从图中可以看出种胚在 3 种培养基中 均能发芽,但萌芽率随培养基不同有明显差异。培养 10 d 时,在 RV 培养基中 萌芽率为 79.17%;其次为 MS 培养基,萌芽率为 63.89%;在 1/2MS 培养基中 萌芽率最低,为 52.78%。培养 20 d 时 RV 培养基的萌芽率为 87.5%,MS 培 养基的萌芽率为 76.39%,1/2MS 培养基的萌芽率为 70.83%。由 10 d 和 20 d 萌芽率的对比可以看出,大部分种胚在 10 d 时均已萌芽,10 d 后只有少 量种胚萌芽。而总体上看,种胚在 RV 培养基中的萌芽率最高,并明显高于其 他两种培养基。各培养基中芽的质量有所不同,可见图 1 - 3 - 2。在 RV 培养 基中,芽的形态较为纤细;在 MS 培养基中的芽不如 RV 培养基中的芽长但其

比较粗壮;1/2MS 培养基中的芽的质量明显低于其他两种培养基。所以
1/2MS 培养基为最不适合 T710 品系种胚萌芽的培养基。

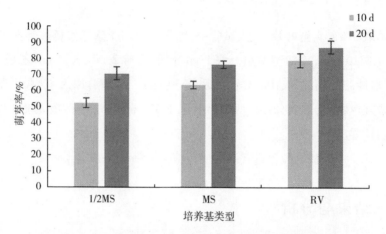

图 1 - 3 - 1　不同培养基中种胚 10 d 和 20 d 的萌芽率

图 1 - 3 - 2　不同培养基中种胚 20 d 的萌发状况

由表 1 - 3 - 1 可以看出,3 种培养基对种胚萌芽的影响显著($P < 0.05$),
重复之间没有影响($P > 0.05$)。

表 1 - 3 - 1   不同培养基对种胚萌发影响的方差分析

处理时间	源	自由度	F	P
10 d	培养基类型	2	45.501	0.002
	重复	2	0.501	0.64
	误差	4	—	—
	总计	9	—	—
20 d	培养基类型	2	11.193	0.023
	重复	2	0.1	0.907
	误差	4	—	—
	总计	9	—	—

从 10 d 的萌芽率上看,RV 培养基要明显高于 MS 培养基,此试验前期工作需要大量的芽,RV 培养基中的芽虽较瘦弱但不影响生长,所以选择 T710 品系种胚萌芽最佳的培养基为 RV 培养基。

(2)光照条件对种胚萌发的影响

通过上述试验确定 RV 培养基为种胚萌芽最佳的培养基,以此培养基为基本培养基继续研究光照条件对种胚萌发的影响。分别在黑暗条件和光照条件下接种并培养,种胚萌芽后要及时从黑暗条件转到光照条件下。接种 10 d 后统计萌芽率和芽长,见图 1 - 3 - 3、图 1 - 3 - 4。从这两个图可以看出,虽然在同一培养基中培养,但黑暗条件下的萌芽率与芽长均高于光照条件下。黑暗条件下的萌芽率为 84.72%,光照条件下的萌芽率为 80.25%。黑暗条件下的芽长为 7.03 cm,光照条件下的芽长为 3.74 cm。由图 1 - 3 - 5 可以看出黑暗条件下芽的大小与长度均高于光照条件下,所以根据试验结果,选择 RV 培养基、黑暗条件为最适合 T710 品系种胚萌发的条件。

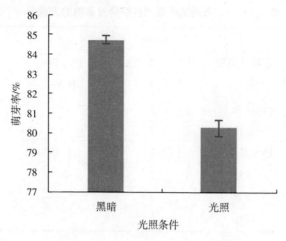

图 1 - 3 - 3　不同光照条件下的萌芽率

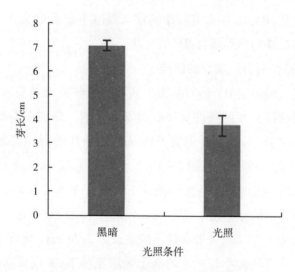

图 1 - 3 - 4　不同光照条件下的芽长

光照　　　　　　　　黑暗

图 1 - 3 - 5　不同光照条件下种胚培养 10 d 的萌发状况

（3）不同植物生长调节剂浓度对种胚萌发的影响

通过以上试验，确定种胚萌芽的最佳培养条件为：RV 培养基，黑暗条件。以 RV 培养基为基本培养基，添加不同浓度的植物生长调节剂，继续研究不同的植物生长调节剂浓度对种胚萌芽的影响。

由图 1 - 3 - 6 可看出，培养 10 d 随 6 - BA 浓度的增加，T710 品系种胚的萌芽率降低，所有添加了 6 - BA 的培养基中种胚的萌芽率均低于不添加 6 - BA的培养基。当 6 - BA 浓度为 3 mg/L 时，种胚的萌芽率降到最低，为 22.22%，并且所有添加了 6 - BA 的培养基中苗的长势均比不添加 6 - BA 的培养基中差。由图 1 - 3 - 7 可以看出，当 6 - BA 浓度高于 1 mg/L 时，苗仅仅表现为刚萌芽状态，不再继续生长。据此我们得知，T710 品系种胚在萌芽过程中不适合添加6 - BA。

向培养基中加入不同浓度的 NAA 后，从图 1 - 3 - 6 可以看出，随 NAA 浓度的增加，萌芽率表现为先上升后下降趋势。当 NAA 浓度为 0.1 mg/L 时，种胚的萌芽率最高，为 91.67%，比对照组高出 11.12%。当 NAA 浓度为 3 mg/L 时，萌芽率达到最低，为 29.17%。当 NAA 浓度高于 2 mg/L 时，苗仅仅表现为刚萌芽状态，不再继续生长，见图 1 - 3 - 8。

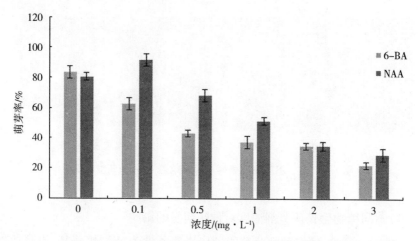

图 1-3-6　不同植物生长调节剂浓度对种胚萌发的影响

图 1-3-7　不同浓度 6-BA 条件下种胚萌发状况

图 1-3-8　不同浓度 NAA 条件下种胚萌发状况

　　由表 1-3-2 的方差分析可以看出,6-BA 与 NAA 对种胚萌芽的影响显著($P < 0.05$),重复之间没有影响($P > 0.05$),说明试验有意义。从图 1-3-6 中可以看出,当 NAA 浓度为 0.1 mg/L 时,种子萌芽率最高,为

91.67%。根据试验结果,选择 T710 品系种胚萌芽最适条件为:黑暗条件,培养基 RV +0.1 mg/L NAA。

表 1 - 3 - 2　不同植物生长调节剂浓度对种胚萌发影响的方差分析

植物生长调节剂	源	自由度	F	P
6 - BA	植物生长调节剂浓度	5	228.889	0
	重复	2	2.069	0.177
	误差	10	—	—
	总计	18	—	—
NAA	植物生长调节剂浓度	5	211.43	0
	重复	2	1.823	0.211
	误差	10	—	—
	总计	18	—	—

3.2.1.2　无菌苗扩繁培养基植物生长调节剂水平的确定

将长出 1~2 片真叶的无菌苗,切下顶芽接入扩繁培养基进行无菌苗的扩繁。经试验得知,虽然 RV 培养基所需萌芽时间短、在萌芽率上高于 MS 培养基,是最适合 T710 品系种胚萌芽的培养基,但 RV 培养基中苗的长势要劣于 MS 培养基,所以无菌苗扩繁选取 MS 培养基。

按表 1 - 3 - 3 中的相应浓度向 MS 培养基中添加 6 - BA 和 IAA,接种无菌苗 20 d 后统计芽数,研究植物生长调节剂浓度对无菌苗扩繁的影响。从表 1 - 3 - 3 中可以看出,6 - BA 与 IAA 的所有的浓度组合均能分化出不定芽。当 6 - BA 浓度一定时,分化出的不定芽数在 IAA 浓度为 0.1 mg/L 时最高,之后随 IAA 浓度的升高逐渐减少。当 IAA 浓度一定时,分化出的不定芽数随 6 - BA 浓度的升高逐渐增加,可以看出 6 - BA 对无菌苗扩繁的影响要高于 IAA。当 6 - BA 浓度为 0.3 mg/L、IAA 浓度为 0.1 mg/L 时,不定芽的数量最多,共 201 个,平均每株无菌苗可以分化出 4.19 个不定芽。当 6 - BA 浓度为 0.1 mg/L、IAA 浓度为 0.3 mg/L 时,不定芽的数量最少,共 52 个,平均每株无菌苗可以分化出 1.08 个不定芽。所以根据试验数据,最适合 T710 品系无菌苗扩繁的条件为培养基 MS +0.3 mg/L 6 – BA +0.1 mg/L IAA,平均每株无菌苗分化出 4.19 个不定芽。不定芽可见图 1 – 3 – 9、图 1 – 3 – 10。

表 1 – 3 – 3　植物生长调节剂浓度对无菌苗扩繁的影响

浓度/(mg · L⁻¹)		接种苗数	出芽数	平均芽数
6 – BA	IAA			
0.1	0	48	66	1.38
0.1	0.1	48	78	1.63
0.1	0.2	48	57	1.19
0.1	0.3	48	52	1.08
0.2	0	48	126	2.63
0.2	0.1	48	153	3.19
0.2	0.2	48	88	1.83
0.2	0.3	48	55	1.15
0.3	0	48	174	3.63
0.3	0.1	48	201	4.19
0.3	0.2	48	132	2.75
0.3	0.3	48	66	1.38

图 1 – 3 – 9　无菌苗扩繁出不定芽

图 1 – 3 – 10　不定芽分离

3.2.1.3　耐盐突变体无菌苗筛选 NaCl 浓度的确定

通过扩繁培养得到大量的无菌苗,选取带有 3 ~ 4 片叶子的无菌苗,按照表1 – 3 – 4 设计的 NaCl 浓度,每个浓度接种 100 株无菌苗。继代 3 次后记录存活数,计算无菌苗存活率。

从表 1 – 3 – 4 中可以看出,当 NaCl 浓度为 70 mmol/L、140 mmol/L 时,无菌苗存活率达到 100%。从图 1 – 3 – 11 可以看出,无菌苗在 70 mmol/L、140 mmol/L 这两个 NaCl 浓度下的生长状态差异不大,NaCl 浓度为 70 mmol/L 时,无明显差异。140 mmol/L 浓度下的无菌苗比对照条件下的无菌苗矮小,并未出现其他特征。NaCl 浓度为 210 mmol/L、280 mmol/L、350 mmol/L 时,无菌苗存活率逐渐下降,从 98% 降到 64%,在此 NaCl 浓度范围内,无菌苗的生长状态随着 NaCl 浓度的增加表现出叶片狭长、植株矮小,部分无菌苗出现叶片萎蔫、失绿现象,植株逐渐变黑,不再生长,最后出现死亡。当 NaCl 浓度达到 420 mmol/L 时,无菌苗存活率仅为 18%,叶片出现卷曲增厚现象,无菌苗矮小,有部分存活植株出现失绿现象,叶片发黄,并伴有严重萎蔫现象。当 NaCl 浓度达到 490 mmol/L、560 mmol/L 时,无菌苗存活率为 6% 和 3%,存活下来的植株矮小粗壮,叶片微微卷曲增厚,颜色为深绿色。当 NaCl 浓度达到 630 mmol/L 时,无菌苗叶片出现萎蔫现象并逐渐失绿,最后全部变黑死亡。

表 1 - 3 - 4　不同 NaCl 浓度下无菌苗的存活率

NaCl 浓度/(mmol · L^{-1})	接种数	存活率/%
0	100	100
70	100	100
140	100	100
210	100	98
280	100	88
350	100	64
420	100	18
490	100	6
560	100	3
630	100	0

图 1 - 3 - 11　不同 NaCl 浓度下无菌苗生长情况

当 NaCl 浓度达到 490 mmol/L 时,无菌苗存活率为 6%,刚好达到筛选条件 4% ~ 6%,为了增加盐胁迫并使试验易操作,最终选定 NaCl 浓度 500 mmol/L 为耐盐突变体无菌苗筛选的最终浓度。

3.2.1.4 无菌苗生根培养条件的确定

（1）不同培养基对无菌苗生根的影响

将长势良好、株高 3 cm 以上的无菌苗分别接种到附加 3 mg/L IBA 的 1/2MS、MS、RV、B5 4 种培养基中，定期观察并记录无菌苗的生根情况。20 d 后记录生根率，研究不同培养基对无菌苗生根的影响。

图 1-3-12 为不同培养基中无菌苗的生根情况。可以看出，T710 品系的无菌苗在 4 种培养基中均可生根，但在不同培养基间存在明显差异。无菌苗在 1/2MS 培养基中生根率最高，为 69.14%，在 MS 培养基中生根率为 59.26%，而在另外两种培养基中生根率均低于 50%，在 RV 培养基中生根率为 46.92%，在 B5 培养基中生根率为 40.74%。1/2MS 培养基中的根长势较好，粗壮并且根数较多；另外 3 种培养基中根的质量明显低于 1/2MS 培养基，根的长势表现为短小，并且根数偏少，见图 1-3-13。

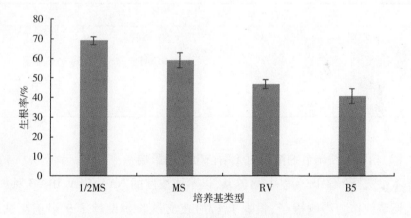

图 1-3-12 不同培养基中无菌苗的生根率

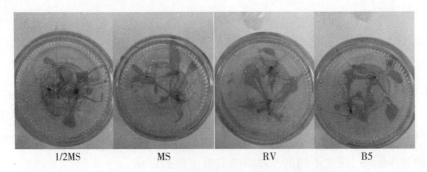

图 1 - 3 - 13　不同培养基对无菌苗生根的影响

　　由表 1 - 3 - 5 的方差分析可以看出,4 种培养基对无菌苗的生根影响显著($P < 0.05$),重复之间没有影响($P > 0.05$),说明试验有意义。从图 1 - 3 - 12、图 1 - 3 - 13 中可以看出,无菌苗在 1/2MS 培养基中的生根效果最好,生根率最高为 69.14%,所以选择 1/2MS 培养基为无菌苗生根的最适培养基。

表 1 - 3 - 5　不同培养基对无菌苗生根影响的方差分析

源	自由度	F	P
培养基类型	3	50.686	0
重复	2	0.841	0.477
误差	6	—	—
总计	12	—	—

　　(2)植物生长调节剂浓度对无菌苗生根的影响

　　本书选择 1/2MS 为基本培养基,以不同浓度的 NAA、IAA、IBA 3 种植物生长调节剂作为影响因子,根据 $L_9(3^4)$ 正交试验表设计了 9 组正交试验。20 d 后记录生根率。

　　培养 7 d 后,第 3、4、5、7 组合的无菌苗开始有不同程度的根的分化,培养 12 d 时其他各组合也有须根产生。20 d 后大多数组合均能完成根的分化。从不定根的分化情况可以看出,IBA 浓度越高越有利于生根,并且生根时间明显早于其他组合,诱导产生的根的质量明显好于其他组合。根的形态主要表现为主根粗壮,根系较长,并且侧根数量较多。其他组合的根表现为生根时间长,根的数量少且根系较短、较细弱。最适植物生长调节剂浓度下无菌苗的生根情况可见图 1 - 3 - 14。

图 1 - 3 - 14　最适植物生长调节剂浓度下无菌苗的生根情况

从图 1 - 3 - 15 中可以看出,在该试验的 3 个因素中,随 NAA 浓度的升高,生根率呈先上升后下降趋势,各水平之间差异不显著;随 IAA 浓度的升高,生根率呈先上升后下降趋势,各水平之间差异不大;随 IBA 浓度的升高,生根率呈上升趋势,且各水平之间差异显著。由此可知,各因素对无菌苗生根率的影响表现出不同趋势,三者之间差异显著。

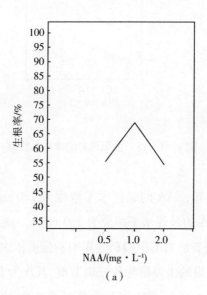

（a）

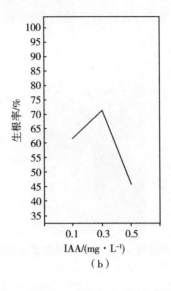

（b）

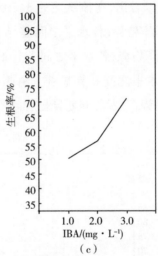

（c）

图 1 - 3 - 15　生根培养的效应曲线图

由表 1 - 3 - 6 可知，NAA 的最优水平浓度为 1.0 mg/L，IAA 的最优水平浓度为 0.3 mg/L，IBA 的最优水平浓度为 3.0 mg/L。通过 R 值确定本书所选择的 3 种植物生长调节剂对不定根诱导影响的强度依次为 IBA > IAA > NAA，IBA 为影响无菌苗生根的主要植物生长调节剂，其次为 IAA，NAA 对无菌苗生根影响较弱。由此可得出，T710 品系无菌苗生根的最适条件为培养基

1/2MS +1.0 mg/L NAA + 0.3 mg/L IAA +3.0 mg/L IBA,生根率可达
85.19%。

表1-3-6　生根培养的极差分析

编号	植物生长调节剂/(mg·L⁻¹)			接种数	生根数	生根率/%
	NAA	IAA	IBA			
1	0.5	0.1	1.0	27	11	40.74
2	0.5	0.3	3.0	27	18	66.67
3	0.5	0.5	2.0	27	16	59.26
4	1.0	0.1	2.0	27	20	74.07
5	1.0	0.3	3.0	27	23	85.19
6	1.0	0.5	1.0	27	13	48.15
7	2.0	0.1	3.0	27	19	70.37
8	2.0	0.1	1.0	27	17	62.96
9	2.0	0.5	2.0	27	8	29.63
k_1	55.553	61.727	50.617	—	—	—
k_2	69.137	71.607	56.787	—	—	—
k_3	54.317	45.673	71.603	—	—	—
R	14.820	20.986	25.934	—	—	—

（3）盐胁迫对无菌苗生根的影响

选择进行 NaCl 浓度筛选后存活下来的无菌苗,直接接种到不含盐的最适
生根培养基中进行生根培养,20 d 后计算生根率。选取了 70 mmol/L、
140 mmol/L、210 mmol/L、280 mmol/L、350 mmol/L NaCl 浓度下存活的无菌
苗,分别为100 棵、100 棵、98 棵、88 棵、64 棵,研究不同浓度 NaCl 对无菌苗生
根的影响。图 1-3-16 为各 NaCl 浓度下的无菌苗生根情况。可以看出,在
所选取的各 NaCl 浓度下的无菌苗均能分化出不定根,随 NaCl 浓度的增加,生
根率逐渐降低,且根表现为根数极少、根系短,个别无菌苗只有须根没有主
根。生根率在 NaCl 浓度为 70 mmol/L 时最高,可达到 82%,与对照组无明显
差异。当 NaCl 浓度为350 mmol/L 时,生根率最低,只有 26.55%。当 NaCl 浓

度低于 210 mmol/L 时,随 NaCl 浓度的升高,生根率虽呈下降趋势,但各水平之间差异不显著。当 NaCl 浓度达到 280 mmol/L 时,生根率明显下降。T710 品系无菌苗在经过盐胁迫后仍能生根,说明此品系为耐盐性好、易生根的试验材料。

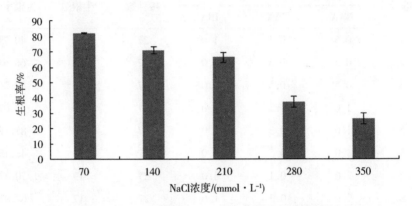

图 1 - 3 - 16　不同浓度 NaCl 对无菌苗生根率的影响

3.2.2　无菌苗耐盐突变体筛选

重新剥选甜菜种子 4 000 粒,选取 2 500 粒饱满并无损的种胚,接种到培养基 RV + 0.1 mg/L NAA 中,在黑暗条件下萌芽,获得长势良好并均匀的无菌苗 1 800 株。再以最适分化条件培养基 MS + 0.3 mg/L 6 - BA + 0.1 mg/L IAA 扩繁无菌苗,得到 2 500 株长势良好并均匀的无菌苗。从中选取200 株进行对照培养,放入不含 NaCl 的 MS 培养基中,另 2 300 株放入含有 500 mmol/L NaCl 的 MS 培养基中进行盐胁迫筛选。继代 8 次,最终获得耐盐突变体无菌苗 112 株、对照植株无菌苗 146 株。将全部无菌苗放入最适生根培养基 1/2 MS + 1.0 mg/L NAA + 0.3 mg/L IAA + 3.0 mg/L IBA 中进行生根培养,共获得耐盐植株生根苗 75 株。将生根苗转入光照培养室进行炼苗移栽,得到长势良好并均匀的耐盐突变体 64 株。见表 1 - 3 - 7。

表 1 - 3 - 7 耐盐突变体筛选所得植株

	种子	种胚	无菌苗	分化 不定芽	盐胁迫 筛选	生根苗	炼苗 移栽
数量	4 000	2 500	1 800	2 500	112	75	64

3.2.3 耐盐突变体进一步筛选

待耐盐突变体根部足够粗壮进行高盐鉴定,将其分别移入含有 280 mmol/L NaCl(每天加 70 mmol/L,分 4 次加完)改良的 1/4 Hoagland's 营养液中培养,最终获得耐盐突变体 48 株,同时获得对照植株 48 株。

培养 7 d 后选取长势良好并均匀的植株进行形态学观察。从图 1 - 3 - 17 中我们可以看到,盐胁迫筛选出的植株为原试验组,分别为 A_1(加 NaCl 培养基)、A_2(不加 NaCl 培养基),原对照组分别为 B_1(加 NaCl 培养基)、B_2(不加 NaCl 培养基)。A 组表现为植株高大,叶片增厚、深绿色,部分植株表现为叶片狭长并略有卷曲。B 组表现为叶片椭圆形,叶片较薄,植株略矮小。两组植株对照组(A_2、B_2)均优于试验组(A_1、B_1),但 A_1 和 A_2 从单株生物量上来看差异较小,而 B_1 与 B_2 相比差异较大。这说明在长期的逆境环境下,耐盐突变体更适应高盐环境。从形态上可以看出,原对照组中耐盐植株在形态学上表现出可行现象。

A₁　　　　　A₂　　　　　B₁　　　　　B₂

图 1 - 3 - 17　不同处理组甜菜形态学变化

图 1 - 3 - 18 是 NaCl 胁迫 14 d 后不同处理下甜菜耐盐突变体和对照植株的生物量。试验组与对照组植株在 NaCl 浓度为 0 mmol/L 时鲜物质量相差不大,A 组为 58.273 克/株,B 组为 52.367 克/株。经 280 mmol/L NaCl 胁迫后,每组植株的鲜物质量都有不同程度的降低。A 组鲜物质量为 36.814 克/株,B 组为 25.279 克/株。NaCl 加入前试验组与对照组鲜物质量分别为 10.374 克/株和 8.817 克/株。根据耐盐指数公式可以得出,A 组的耐盐指数为 0.552,而 B 组仅为 0.378。经筛选得出的耐盐突变体在耐盐指数上提高了 46.03%,说明筛选出的耐盐植株有更好的耐盐能力。

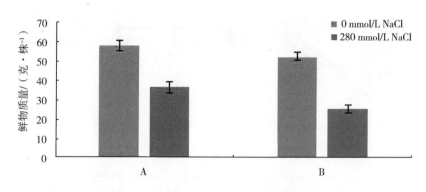

图 1 - 3 - 18　不同处理下植株的鲜物质量

3.2.4　耐盐突变体的一些耐盐生理指标的变化

植物体处在盐胁迫中,在外界环境因子的影响下会产生大量的氧自由基,氧自由基对植物有较大的伤害,而植物有一套防御保护系统来阻止氧自由基对植物的伤害,这套抗氧化防御系统包括 SOD、CAT、POD、APX(抗坏血酸过氧化物酶)。

3.2.4.1　盐胁迫对突变体 SOD 活性的影响

图 1 - 3 - 19 是不同胁迫时间下 NaCl 对甜菜叶片 SOD 活性的影响。对照植株与突变体 SOD 活性在胁迫前无明显差异,随胁迫时间的延长,SOD 活性呈先上升后平稳趋势,大幅度提升出现在第 4 天,并在第 10 天时达到最高值,随后趋于平稳。突变体与对照植株胁迫后 SOD 活性最高值分别为胁迫前的 1.35 倍和 1.28 倍。在 4 d、7 d、10 d、14 d 时,突变体的 SOD 含量分别为对照植株的 1.07 倍、1.12 倍、1.08 倍、1.09 倍,突变体的 SOD 含量明显高于对照植株,这说明甜菜耐盐突变体对盐胁迫表现出较强的抵抗能力。

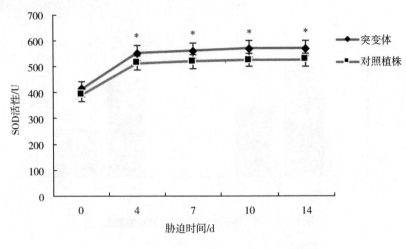

图 1 – 3 – 19　盐胁迫对植株 SOD 活性的影响

3.2.4.2　盐胁迫对突变体 CAT 活性的影响

CAT 能有效抑制植物叶片中的过氧化氢对细胞的氧化作用,保护细胞膜免受自由基伤害。图 1 – 3 – 20 是不同胁迫时间下 NaCl 对甜菜叶片 CAT 活性的影响。可以看出,盐胁迫前二者 CAT 活性无明显差异,随盐胁迫时间延长,甜菜叶片 CAT 活性呈先上升后平稳趋势,大幅度提升出现在第 4 天,突变体与对照植株都在第 7 天时达到最高值,随后趋于平稳,无明显变化。突变体的 CAT 活性始终高于对照植株,在 4 d、7 d、10 d、14 d 时,突变体的 CAT 活性分别为对照植株的 1.08 倍、1.10 倍、1.11 倍、1.12 倍。

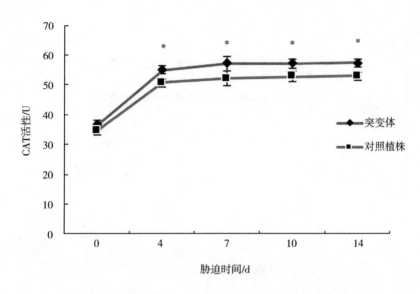

图 1 - 3 - 20　盐胁迫对植株 CAT 活性的影响

3.2.4.3　盐胁迫对突变体 MDA 含量的影响

MDA 是细胞膜脂过氧化产物,在一定程度上反映膜的受损程度。图 1 - 3 - 21 是不同胁迫时间下 NaCl 对甜菜叶片 MDA 含量的影响。

根据胁迫时间的不同,对甜菜进行 MDA 含量测定,结果显示,甜菜叶片中 MDA 含量随胁迫时间变化有明显差异。随胁迫时间延长,MDA 含量先升高,大幅度提升出现在第 4 天,之后呈缓慢上升趋势。对照植株与突变体均在 14 d 时达到最高值。突变体的 MDA 含量始终低于对照植株,在 4 d、7 d、10 d、14 d 时,突变体的 MDA 含量分别为对照植株的 81.8%、80.08%、79.55%、82.08%,即突变体在受到盐胁迫时,膜脂过氧化程度低,耐盐性显著强于对照植株。

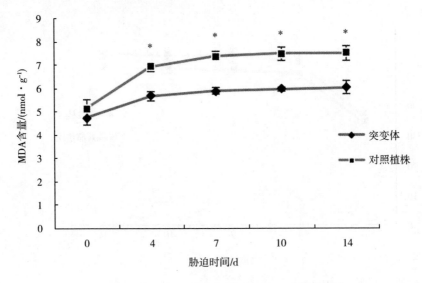

图 1 - 3 - 21　盐胁迫对植株 MDA 含量的影响

3.2.4.4　盐胁迫对突变体脯氨酸含量的影响

脯氨酸是植物体内最重要和有效的有机渗透调节物质,渗透调节是植物适应盐胁迫的最基本特征之一。通常情况下,植物体内的脯氨酸含量很低,当遇到盐胁迫时,为了消除胁迫所造成的伤害,植物会主动积累脯氨酸。植物体内脯氨酸含量的高低,可以作为植物耐盐能力强弱的标志。

图 1 - 3 - 22 为不同胁迫时间下 NaCl 对甜菜叶片脯氨酸含量的影响。突变体的脯氨酸含量一直高于对照植株,随着胁迫时间的延长,二者的脯氨酸含量均增加。突变体与对照植株脯氨酸含量在 0 d、4 d、7 d、10 d、14 d 时差异均达到显著水平。在 0 d、4 d、7 d、10 d、14 d 时,突变体的脯氨酸含量分别为对照植株的 1.21 倍、1.25 倍、1.26 倍、1.28 倍、1.26 倍。

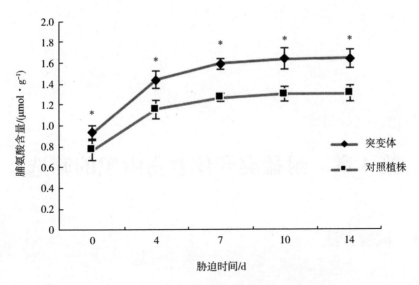

图 1 - 3 - 22　盐胁迫对植株脯氨酸含量的影响

第4章 耐盐突变体愈伤组织的筛选

4.1 试验方法

4.1.1 外植体的筛选

选取在光照培养室生长5～7周的生长旺盛的T710品系植株作为试验材料,将幼嫩的叶片及叶柄选作外植体。将符合条件的试验材料用自来水冲洗处理2 h,随后在超净工作台里进行消毒处理。叶片去掉叶脉剪成大块,叶柄剪成4～5 cm小段。本书所选取的消毒方法为:先用75%乙醇摇晃振荡30 s,然后用无菌水冲洗5次,冲洗时间要一次比一次长,以确保乙醇被冲洗干净。再用0.1%升汞进行处理,充分摇晃振荡4 min,迅速倒掉后加入无菌水冲洗,反复充分冲洗5次,时间要一次比一次长。每次加入的溶液与无菌水的量要没过需要处理的试验材料,以免消毒不彻底或升汞残留在材料上伤害叶片与叶柄。在不伤害叶片组织的情况下,尽可能用灭菌后的滤纸把消毒后的试验材料上的水分吸干。吸干水分后将叶片剪成约0.5 cm² 大小,四面都要剪出切口。叶柄剪成0.5 cm左右的小段。分别接种到附加0.5 mg/L 6 - BA 和0.5 mg/L NAA 的MS 培养基中,叶片正面朝上,30 d后统计出愈率,研究不同外植体对出愈率的影响。

4.1.2 植物生长调节剂的种类和浓度对出愈率的影响

培养基中附加的植物生长调节剂的种类与浓度对于植物外植体诱导愈伤组织起关键作用。本书选取了 3 种植物生长调节剂——2,4 - D、NAA 和 6 - BA,然后根据 $L_9(3^4)$ 正交试验设计表设计三因素三水平的正交试验,2,4 - D 因素设为 0.5 mg/L、1.0 mg/L、1.5 mg/L 3 个浓度水平,6 - BA 因素设为 0.1 mg/L、0.5 mg/L、1.0 mg/L 3 个浓度水平,NAA 因素设为 0.5 mg/L、1.0 mg/L、1.5 mg/L 3 个浓度水平。观察并记录愈伤组织诱导情况。30 d 后记录出愈率,研究植物生长调节剂对出愈率的影响。

4.1.3 耐盐突变体愈伤组织的筛选

本书采取一次筛选法筛选耐盐突变体愈伤组织。将叶柄外植体诱导出的愈伤组织切成小块后,分别接种到含 0 mmol/L、70 mmol/L、140 mmol/L、210 mmol/L、280 mmol/L、350 mmol/L NaCl 的 MS 培养基中,继代 3 次后称量并记录愈伤组织的生长量。先计算盐胁迫培养前愈伤组织的质量 A:先将要选用的培养基称量质量 A_1,然后将切成小块的愈伤组织接种到培养基中称其质量 A_2,$A = A_2 - A_1$。培养后愈伤组织质量为 B:称取继代 3 次后的培养基与愈伤组织质量 B_1,将愈伤组织移出培养基后称重为 B_2,$B = B_2 - B_1$。

$$愈伤组织日增长量 = (B - A)/培养天数$$

4.2 结果与分析

4.2.1 不同外植体对出愈率的影响

相关试验多选取叶片、叶柄作为甜菜愈伤组织诱导的外植体,而甜菜是不容易进行组织培养、不容易诱导愈伤组织的植物,所以本书也选择较易诱导愈伤组织的叶片与叶柄作为外植体,培养 30 d 后记录出愈率,图 1 - 4 - 1 为

30 d 后两种外植体的出愈率,叶片的出愈率为 44.64%,叶柄的出愈率为 53.57%。叶片外植体所诱导的愈伤组织表现为米粒状突起,形态疏松,淡绿色,大小为 $0.5 \sim 1.0 \text{ cm}^2$,见图 1-4-2。叶柄愈伤组织表现为小突起,其状态较叶片愈伤组织紧致,颜色较深,呈暗绿色,见图 1-4-3。叶柄愈伤组织大小与叶片愈伤组织无明显差异。叶片做外植体与叶柄做外植体相比,不仅出愈率低,在愈伤组织形态表现上也不如叶柄。这也与其他试验的研究结果一致。根据试验数据,选取试验所用外植体为叶柄。

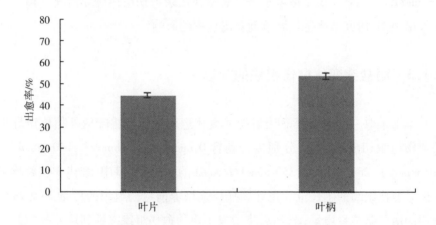

图 1-4-1　不同外植体对出愈率的影响

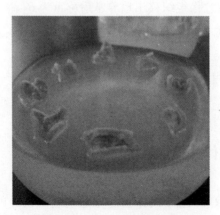

图 1-4-2　叶片愈伤组织

图 1 - 4 - 3　叶柄愈伤组织

4.2.2　植物生长调节剂的种类和浓度对出愈率的影响

以 MS 为基本培养基,选取叶柄做外植体,按表 1 - 4 - 1 中的 3 种植物生长调节剂不同的浓度配比进行接种,研究植物生长调节剂的种类和浓度对出愈率的影响。暗培养 7 d 后,2 组、4 组、5 组、9 组出现不同程度的生长膨大,其他组叶柄微翘起,无明显变化。继续培养到 14 d 时,第 2 组出现了愈伤点,呈淡绿色的颗粒状突起。暗培养 15 d 后转为光照培养,其他组也相继出现了愈伤组织。随时间的延长,愈伤组织形态慢慢发生变化,大部分转为淡绿色或暗绿色,有的呈现出淡黄色或白色的不规则状体,部分外植体开始出现轻度褐变现象。切成小块的愈伤组织,见图 1 - 4 - 4。培养 30 d 后统计出愈率,结果见表 1 - 4 - 1 和图 1 - 4 - 5。

从图 1 - 4 - 5 正交试验的效应曲线图中可以看出,在该试验的 3 个因素中,出愈率随 2,4 - D 浓度的升高呈下降趋势,出愈率随 6 - BA 浓度的升高呈先上升后下降趋势,出愈率随 NAA 浓度的升高呈先上升后下降趋势。由此可知,各因素对叶柄外植体出愈率的影响不同,三者之间有明显差异。

表 1 - 4 - 1　诱导愈伤组织结果

编号	植物生长调节剂			接种数	出愈数	出愈率/%
	2,4 - D	6 - BA	NAA			
1	0.5	0.1	0.5	54	20	37.04
2	0.5	0.5	1.0	54	34	62.96
3	0.5	1.0	1.5	54	23	42.59
4	1.0	0.1	1.0	54	29	53.70
5	1.0	0.5	1.5	54	25	46.30
6	1.0	1.0	0.5	54	19	35.19
7	1.5	0.1	1.5	54	16	29.63
8	1.5	0.5	0.5	54	21	38.89
9	1.5	1.0	1.0	54	25	46.30
k_1	47.513	40.117	37.033	—	—	—
k_2	45.060	49.370	54.307	—	—	—
k_3	38.270	41.375	39.503	—	—	—
R	9.243	9.253	17.274	—	—	—

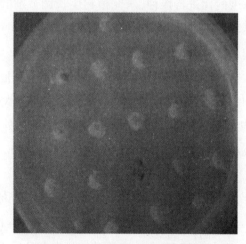

图 1 - 4 - 4　切成小块的愈伤组织

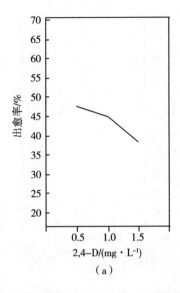

（a）

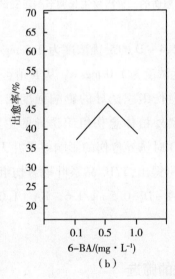

（b）

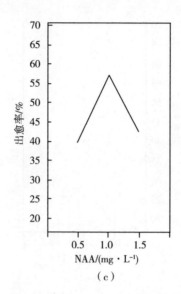

图 1 - 4 - 5   诱导愈伤的三种植物生长调节剂正交试验效应曲线图

从表 1 - 4 - 1 可知,2,4 - D 的最优浓度为 0.5 mg/L,6 - BA 的最优浓度为 0.5 mg/L,NAA 的最优浓度为 1.0 mg/L。从 R 值可以看出,本书所选择的 3 种植物生长调节剂对愈伤组织诱导的影响强度依次为 NAA > 6 - BA > 2,4 - D,此书中影响叶柄外植体愈伤组织诱导的主要植物生长调节剂为 NAA,而 6 - BA 与 2,4 - D 对诱导愈伤的影响效果并无太大差异,与 NAA 相比较,两者均较弱。由此可得出,T710 品系叶柄愈伤组织诱导的最适条件为培养基 MS + 0.5 mg/L 2,4 - D + 0.5 mg/L 6 - BA + 1.0 mg/L NAA,出愈率为 62.96% 。

4.2.3 耐盐愈伤组织的筛选

将愈伤组织(图 1 - 4 - 6)转入含有不同 NaCl 浓度的继代培养基中进行胁迫生长,以不含盐培养基中的愈伤组织做对照,培养 21 d 后观察生长情况,称量、记录生长量。

图 1 - 4 - 6　继代生长的愈伤组织

　　本书共选取 5 个 NaCl 浓度,从表 1 - 4 - 2 中可以看出,愈伤组织在盐胁迫条件下生长量明显低于对照组。随 NaCl 浓度的升高,愈伤组织生长缓慢,生长量逐渐降低。当 NaCl 浓度在 70 mmol/L 时,其生长量与对照组比略有降低,但差异不大,说明愈伤组织受低盐胁迫的影响不大,在低盐胁迫下仍可以生长,愈伤组织在此浓度下的生长状况与对照组无明显差异。当 NaCl 浓度高于 210 mmol/L 时,在高盐胁迫下,愈伤组织生长缓慢。在 NaCl 浓度为 210 mmol/L 时愈伤组织日生长量仅有对照的一半,且愈伤组织随时间延长逐渐出现轻微褐变现象。当 NaCl 浓度为 350 mmol/L 时,愈伤组织几乎不生长,日生长量仅为 2 mg,逐渐出现褐变死亡现象。将愈伤组织继代后转移到分化培养基中进行分化,对照组及盐胁迫下的愈伤组织均不能进行分化,在分化培养基中生长一段时间后逐渐褐变死亡(图 1 - 4 - 7)。

表 1 - 4 - 2　愈伤组织的生长量

处理/ (mmol·L⁻¹)	培养前 质量/mg	30 d 后 质量/mg	生长 量/mg	日生长 量/mg
0	121	1 014	893	30
70	143	985	842	28
140	135	753	618	21
210	151	644	493	16
280	139	528	389	13
350	146	210	64	2

图 1 – 4 – 7　盐胁迫下死亡的愈伤组织

第 5 章　讨论

5.1　不同处理对无菌苗存活率的影响

消毒是植物组织培养的第一关键要素。无论是培养基的灭菌、无菌操作，还是外植体的消毒，都直接影响着无菌苗的存活与生长。培养基灭菌与无菌操作目前有成熟的技术，所以关键要素就是外植体的消毒。外植体染菌最难控制，并且相对复杂。能否彻底消毒或是否消毒过度（消毒过度会导致有毒物质残留在外植体上），成为无菌苗生长的影响因素。本书直接选取剥去外壳的种胚，在消毒处理上相对容易一些。采用75%乙醇处理 30 s、0.1%升汞处理 10 min，成功地将染菌率控制在1%以下。在接种过程中，将所用到的仪器反复置于酒精灯上灼烧，频繁使用酒精棉擦拭操作人员双手与超净工作台，尽量将染菌率降到最低。

培养基的选择在一定程度上决定了萌芽时间与萌芽率。培养基除了种类之间的差异，其蔗糖与琼脂的含量、植物生长调节剂种类与浓度配比也有差异。其他学者对蔗糖含量与琼脂含量的研究表明，这两种成分对萌芽率的影响不大。从试验结果中可以看出，对于 T710 品系无菌苗的萌发，无机盐含量高的 MS 培养基要比 1/2MS 培养基萌芽率高，说明 T710 品系适宜高盐环境。RV 培养基在 MS 培养基的基础上又添加了 10 种维生素和 6 种氨基酸，所以在营养成分上要优于 MS 培养基，而试验数据表明，无菌苗的萌芽率在 RV 培养基中最高。光照条件对萌芽率也有一定的影响，黑暗条件有利于无菌苗的生长，同等条件下，黑暗条件培养的芽长要比光照条件培养的芽长平均高出 3 cm。但要及时将萌发的种胚转移到光照条件下，不然无菌苗会出现徒长并呈失绿状态。

种胚的萌芽期对植物生长调节剂的要求不高。种胚在附加 6 - BA 的培养基中萌芽率低于对照组,随 6 - BA 浓度的升高呈现玻璃体化并停止生长。而在 NAA 浓度为 0.1 mmol/L 时萌芽率高于对照组,说明 T710 品系的种胚在附加低浓度 NAA 的培养基中易萌发。

5.2 筛选耐盐突变体的可行性分析

耐盐突变株的筛选是一种非常有效的甜菜耐盐突变研究方法。盐胁迫对植物各器官的生长发育有一定的影响,首先刺激的植物器官是根部,会造成水分失调、叶片含水量下降,会破坏细胞膜的结构,并使得细胞膜积累大量 MDA,MDA 积累越多,植物受胁迫刺激越大。盐胁迫下,盐分离子涌进质外体,Michael Speer 提出,如果离子在进入质外体后,不能被大量转运进原生质体,会使得质外体中大量代谢酶活性受抑制,并使原生质体脱水甚至导致细胞凋亡。在逆境胁迫下,植物细胞中产生的游离氨基酸起着维持胞内水势、解除物质毒害和贮存氮素的作用。孙璐对高粱杂交种的耐盐性进行研究后发现,在 200 mmol/L 盐胁迫后耐盐品种辽杂 15 号中氨基酸含量升至 0.42 mg/g,而不耐盐品种龙杂 11 号中只有 0.3 mg/g。

付瑞敏等人从榨油厂附近的土壤中分离筛选到一株耐盐脂肪酶产生菌 ZF - 9 并鉴定其为乙酸钙不动杆菌,通过紫外线及 He - Ne 激光复合诱变,获得遗传稳定性良好的突变株 ZF - 9 - 14,可耐受浓度为 30% 的盐胁迫。张建华等人以番茄为外植体直接进行高盐胁迫诱导愈伤组织,逐渐加大 NaCl 浓度,最终得知,当 NaCl 浓度为 150 mmol/L 时幼苗成活率为 66%,并得到 12 株耐盐突变体。本书中将甜菜无菌苗直接移栽到含有 500 mmol/L NaCl 的培养基中,仍能得到存活率为 4%~6% 的无菌苗,说明甜菜是耐盐性较强的作物。

本书通过调整 NaCl 的浓度,分析盐胁迫对甜菜无菌苗存活的影响。在 NaCl 浓度为 70 mmol/L、140 mmol/L 时,无菌苗存活率达到 100%。随着 NaCl 浓度的增加,存活率逐渐下降,植株的生长状态表现出叶片狭长、植株矮小,部分无菌苗出现叶片萎蔫、失绿现象。当 NaCl 浓度达到 630 mmol/L 时,叶片从萎蔫至失绿,最后全部逐渐变黑死亡,存活率为 0。将长出 3~4 片叶子的无菌苗直接移到含 NaCl 浓度为 500 mmol/L 的 MS 培养基中,存活率为 6%。最终通过试验,得到了 48 株耐盐突变体并进行母根保存,为下一年结籽做准备,并为后续试验筛选更优的耐盐突变株奠定了试验基础。

5.3　耐盐突变体无菌苗的生根

对于大多数植物而言,生长过程中不需要额外添加植物生长调节剂来辅助植物生长发育,但有些植物需要。添加植物生长调节剂的目的只是让植物得到更好的生长。不同的植物生长调节剂对植物组织培养的调节作用也不尽相同。向邓云详细地叙述了在植物组织培养过程中植物生长调节剂对愈伤组织的诱导、增殖、不定芽以及不定根形成的调节控制。对于无菌苗的生根培养,本书首先设计 4 种常用培养基进行研究,结果发现 T710 品系无菌苗在低无机盐的 1/2MS 培养基中最宜生根,生根率为 69.14%,在 B5 培养基中生根率最低。试验还发现,在不附加任何植物生长调节剂的培养基中,个别无菌苗出现了不定根的分化现象,但根数较少,并且较短。在生根培养试验中,起关键因素的仍是植物生长调节剂的种类与浓度配比。有研究表明,甜菜组织培养生根试验中,IAA 与 IBA 起着重要作用,IBA 为主导因素。本书选取了 NAA、IAA、IBA 3 种植物生长调节剂,利用 $L_9(3^4)$ 正交试验设计相应试验,得出结论:3 种植物生长调节剂对不定根诱导的影响强度为 IBA > IAA > NAA。这也与前人研究成果一致。最适于无菌苗生根的条件为培养基 1/2MS + 1.0 mg/L NAA + 0.3 mg/L IAA + 3.0 mg/L IBA,生根率可达 85.19%。

本书对耐盐筛选后存活的植株进行生根试验,结果表明,低盐胁迫(NaCl 浓度低于 210 mmol/L)下,不定根的分化均达到 50% 以上,这也可以说明 T710 品系是比较容易生根的品系。

5.4　关于鉴定耐盐突变体的耐盐性指标

从形态学上可以直观地观察植株的长势、叶片的形状、根的形态等。通过记录盐胁迫下植株的生物量变化可以计算出植株的耐盐指数,耐盐指数是植物耐盐性的一个重要指标。本书通过形态学观察以及耐盐指数的计算,初步确定所得植株的耐盐性得到很大的提高。

细胞膜系统是植物受盐害的主要部位,盐胁迫对植物细胞膜有较大影响。研究表明,膜的通透性能够反映膜系统的完整性及其受损程度。细胞膜受损后,会生成大量 MDA,对植物具有较大的毒害作用。本书中,盐胁迫下的耐盐突变体叶片和普通植株叶片的 MDA 含量均呈先升高后下降的趋势,且突变体的 MDA 含量始终低于对照组的普通植株,说明突变体经盐处理后,细胞膜受氧化程度较小,可初步判断甜菜在高盐胁迫下发生了突变,更能适应高盐环境。

植物在盐胁迫下,产生大量自由基伤害组织。研究人员认为 SOD 是生物体防护机制的中心酶,是清除植物体内多余过氧化物的主要酶。周玉丽在甜叶菊耐盐突变体的筛选与鉴定试验中发现,突变体幼苗与普通幼苗经盐处理后相比较,变异体幼苗 SOD 和 CAT 活性均高于普通幼苗。俞倩茹在水稻苗期耐逆突变体筛选和鉴定研究中发现,耐盐突变体与对照组植株在相同浓度盐胁迫下,随盐胁迫时间的延长,其 SOD 和 CAT 活性均呈先升高后下降的趋势,但耐盐突变体 SOD 和 CAT 的活性均显著高于对照组。本书中不同处理的甜菜在盐胁迫下叶片 SOD 和 CAT 活性均明显升高,说明盐胁迫诱导甜菜叶片氧化胁迫发生,增强了其清除活性氧的能力。本书中,在长期的盐胁迫下甜菜保护酶防御系统的作用在一定程度上得到了强化,增强了甜菜对盐胁迫环境的适应能力,这也进一步从生理生化角度证明了突变体的耐盐性。

渗透调节是植物适应非生物胁迫的一种生理机制。非生物胁迫促进植物有机渗透调节物质的积累,维持盐胁迫下植物细胞的正常膨压和生理代谢。脯氨酸作为有机渗透调节物质,是水溶性最大的氨基酸,在植物受到胁迫后其含量变化可以调节植物渗透能力。在甘薯和马铃薯耐盐突变体相关研究中,突变体与普通植株经盐处理之后相比较,突变体中脯氨酸含量高于普通植株。相关研究表明,盐胁迫下脯氨酸的增加有助于细胞和组织保持水分,同时脯氨酸还可作为碳水化合物的来源以及酶和细胞结构的保护剂。本书表明,甜菜耐盐突变体与普通甜菜经相同浓度盐处理后,突变体中脯氨酸含量显著高于普通甜菜,说明耐盐突变体表现出较强的耐盐能力。

因此,本书认为,植株的耐盐指数,SOD、CAT 活性,MDA、脯氨酸含量在一定程度上能反映甜菜植株耐盐性的强弱,可以作为耐盐突变体的鉴定指标。

5.5 外植体与植物生长调节剂对出愈率的影响

5.5.1 外植体对出愈率的影响

外植体对于愈伤组织的诱导起着关键性的作用,是组织培养中影响快繁及植株再生的一个重要因素。不同植物会选择不同的外植体进行组织培养,同一种植物的不同外植体诱导出的愈伤组织也有很大的差异。目前可以选择多种外植体进行组织培养。根据细胞全能性理论来说,植物的任何组织器官均可以作为外植体,但在甜菜上我们一般选择叶片、叶柄、腋芽、花芽、花序等。由相关试验可知,叶片和叶柄都可以很好地形成愈伤组织,而叶柄的再生频率最高,所以在甜菜组织培养方面,大部分学者采用叶柄作为诱导愈伤组织的外植体。外植体的大小与幼嫩程度也在一定范围上影响着愈伤组织诱导与生长。本书选取较嫩的叶片和叶柄分别进行愈伤组织诱导,在初期筛选时叶片出愈率为 44.64%,叶柄出愈率为 53.57%,后期培养基筛选时叶柄出愈率为 62.96%。由此可以看出,甜菜叶柄比叶片更利于愈伤组织的诱导,这也与相关研究的结果一致。

5.5.2 植物生长调节剂对出愈率的影响

植物生长调节剂在愈伤组织诱导中起主要作用。一般来说,生长素浓度越高越利于愈伤组织诱导,细胞分裂素浓度越低越利于愈伤组织诱导,生长素对愈伤组织诱导和形成的影响比细胞分裂素大,所以在诱导愈伤组织时,各植物生长调节剂之间的比例关系要比种类更重要。其他学者在试验中发现 6 - BA 与 NAA 在愈伤组织诱导中有明显效果,因此本书选择了两种生长素(NAA 与 2,4 - D)和一种细胞分裂素(6 - BA),根据不同浓度的配比进行试验研究。

外国学者曾在试验中以 MS 为基本培养基,附加 0.25 ~ 0.5 mg/L 2,4 - D

和 0.25 ~ 1.0 mg/L 6 - BA, 以甜菜叶片、叶柄做外植体, 获得了高产量的愈伤组织。查阅相关文献后, 本书确定植物生长调节剂浓度范围, 利用正交试验设计得出一系列浓度配比。数据表明, 6 - BA 最适浓度为 1.0 mg/L 左右, NAA 最适浓度为 1.0 ~ 2.0 mg/L。本书最终确定, T710 品系叶柄最适诱导愈伤组织条件为培养基 MS + 0.5 mg/L 2, 4 - D + 0.5 mg/L 6 - BA + 1.0 mg/L NAA, 出愈率为 62.96%。

5.6 耐盐愈伤组织的筛选与愈伤组织的分化

甜菜是难进行组织培养的植物, 关于甜菜愈伤组织诱导的研究国内外都有报道, 利用愈伤组织筛选耐盐突变体的研究, 在其他作物(例如马铃薯、水稻、甘蓝、拟南芥等)上也有相关的报道, 但对于甜菜国内外还未见相关报道。

筛选耐盐愈伤组织一般有两种方法:一次筛选法和分步筛选法。一次筛选法是将愈伤组织直接接种到含有不同浓度盐的培养基上诱导耐盐愈伤组织, 分步筛选法是将愈伤组织从低盐浓度逐步向高盐浓度转移直至筛选出耐最高盐浓度的愈伤组织。本书选择一次筛选法进行筛选, 并未得到预期效果。愈伤组织仅在 NaCl 浓度低于 140 mmol/L 时能正常生长;当 NaCl 浓度达到 210 mmol/L 时其生长量为对照组的 50%, 并出现轻微褐变现象;在含有 350 mmol/L NaCl 的培养基中表现出几乎不生长的状态并逐渐褐变死亡。本试验室曾经研究过, 在水培条件下甜菜可以忍耐 600 mmol/L NaCl 的胁迫, 完成开花、授粉、结籽的过程, 本书利用无菌苗筛选耐盐突变体, 得知在 490 mmol/L NaCl 的胁迫下, 无菌苗达到 5% 存活率。

在愈伤组织培养基的筛选试验中, 以 T710 品系植株的叶柄作为外植体诱导愈伤组织时, 最优条件下其出愈率仅为 62.96%, 说明 T710 品系不容易诱导愈伤组织。由于本书的最终目的是通过组织培养方法筛选耐盐突变体, 所以通过愈伤组织进行筛选的方法暂不可行。

本书没有在愈伤组织分化不定芽方面继续进行相关的研究, 但不定芽分化在其他作物上技术已经相当成熟。徐涌等人以吴茱萸为材料研究不同植物生长调节剂对其组织培养过程的影响, 结果表明, 添加 1.0 mg/L 6 - BA 和

1.0 mg/L 6 - BA +0.1 mg/L NAA 2 种处理均可分化出不定芽,而其余未见分化的外植体添加 2,4 - D 诱导愈伤组织最佳,不定芽的分化率随着 6 - BA 浓度的增加,表现出先升高后下降的趋势。周燕青等人以条叶榕无菌植株为外植体,分别添加不同浓度 6 - BA、2,4 - D 以及 NAA 诱导愈伤组织,最终确定 MS + 1.0 mg/L 6 - BA +0.2 mg/L 2,4 - D +0.1 mg/L NAA 分化率最高。相关文献表明,在影响愈伤组织分化出不定芽方面,最主要的因素为植物生长调节剂浓度的配比。还有学者提出,愈伤组织的形态也会影响到芽的诱导。若愈伤组织呈松散状,说明其含有密致的细胞质,则利于芽的诱导;若愈伤组织呈致密状,说明其含有高比例的薄壁木质化,则不利于芽的诱导。一些学者在甜菜愈伤组织研究中也指出,正常的愈伤组织很难分化出不定芽。

　　综上所述,对于 T710 品系愈伤组织的培养仍需进一步研究,使该品系能更好地完成无性繁殖。

第6章 结论

本书以 T710 品系为试验材料,采用组织培养的方法,经过高盐胁迫成功筛选出耐盐突变体无菌苗,并得到生根苗,建立了 T710 品系较为完整的组织培养再生途径,完成了甜菜耐盐突变体的筛选,通过形态学观察,生物量的变化,SOD、CAT 活性以及 MDA、脯氨酸含量的变化,初步鉴定了突变体的耐盐性。

本书得到了以下结果:

1. 根据萌芽率最后确定 T710 品系种子最适萌芽条件为黑暗条件、培养基 RV +0.1 mg/L NAA,萌芽率为 91.67%。

2. 确定最适合 T710 品系无菌苗扩繁的条件为培养基 MS +0.3 mg/L 6 – BA +0.1 mg/L IAA,平均每株分化出不定芽数 4.19 个。

3. 无菌苗在 NaCl 浓度为 490 mmol/L 时,存活率为 6%,符合自然筛选存活率为 4% ~6% 的条件,这一盐浓度同其他作物耐盐筛选时的浓度相比要高很多,说明甜菜是耐盐性较强的作物之一。

4. 最适生根条件为培养基 1/2MS + 1.0 mg/L NAA + 0.3 mg/L IAA + 3.0 mg/L IBA,生根率可达 85.19%,IBA 是诱导不定根的主要因素。

5. 最终得到耐盐突变体 48 株。甜菜为两年生作物,这些耐盐突变体继续生长并收获母根,为下一年春化结籽做好充足准备,并为后续耐盐株系建立以及耐盐分子机理研究奠定了基础。

6. 48 株耐盐突变体的耐盐指数、SOD 活性、CAT 活性、脯氨酸含量显著高于对照组,MDA 含量低于对照组,根据这一系列生理生化指标,初步鉴定所得植株为耐盐突变体。

7. 诱导愈伤组织最适条件为培养基 MS + 0.5 mg/L 2,4 – D +0.5 mg/L 6 – BA +1.0 mg/L NAA,出愈率为 62.96%。

参考文献

[1] 陈连江, 陈丽. 我国甜菜产业现状及发展对策[J]. 中国糖料, 2010(4):
62 – 68.

[2] 张美善, 马光泉, 于海秋, 等. 野生甜菜的起源与进化[J]. 农业与技术,
1998(2): 39 – 41.

[3] 马亚怀, 邱军, 陈连江, 等. 我国甜菜品种引进工作的现状与分析[J].
中国糖料, 2013(1): 72 – 75.

[4] 赵明范. 世界土壤盐渍化现状及研究趋势[J]. 世界林业研究, 1994, 7
(1): 84 – 86.

[5] 张建锋, 张旭东, 周金星, 等. 世界盐碱地资源及其改良利用的基本措施
[J]. 水土保持研究, 2005(6): 28 – 30, 107.

[6] 马广文, 王晓斐, 王业耀, 等. 我国典型村庄农村环境质量监测与评价
[J]. 中国环境监测, 2016(1): 23 – 29.

[7] 董广霞, 刘瑞民. 农村生活污染开展环境统计的思考[J]. 中国环境监
测, 2012, 28(6): 124 – 128.

[8] 王先进. 当前我国土地资源的严峻形势及对策建议[J]. 中国土地, 1994
(8): 4 – 6.

[9] 周晓红. 坚持集约节约利用　发挥土地资源最大效益[N]. 湖南日
报, 2009.

[10] 郑毅, 张景楼, 宁彦东, 等. 非糖用甜菜开发利用前景分析[J]. 中国甜
菜糖业, 2007(4): 20 – 21.

[11] 卢秉福, 耿贵, 周艳丽. 食用甜菜的开发利用[J]. 中国糖料, 2008(2):
67 – 69.

[12]蔡葆，张文彬，黄彩云. 开发能源甜菜产业势在必行[J]. 中国糖料，2009(1)：76－80.

[13]李文，王鑫，刘迎春，等. 甜菜制取燃料乙醇关键技术及其研究进展[J]. 中国农学通报，2010，26(7)：354－359.

[14]金英姿. 甜菜粕的深层次开发[J]. 中国甜菜糖业，2004(3)：16－18.

[15]阎蔚. 甜菜废粕利用的现状与前景[J]. 中国甜菜糖业，1994(2)：19－20.

[16]田萍，王浩菊，王妮，等. 甜菜渣发酵制备蛋白饲料的研究[J]. 氨基酸和生物资源，2009，31(4)：5－7，29.

[17]Dadkhah A. Effect of salinity on growth and leaf photosynthesis of two sugar beet (*Beta vulgaris* L.) cultivars[J]. Journal of Agricultural Science and Technology, 2011, 13: 1001－1012.

[18]Parida A K, Das A B. Salt tolerance and salinity effects on plants: a review[J]. Ecotoxicology and Environmental Safety, 2005, 60(3): 324－349.

[19]Kaveh H, Nemati H, Farsi M, et al. How salinity affect germination and emergence of tomato lines[J]. Journal of Environmental Sciences, 2011,5: 159－163.

[20]张新春，庄炳昌，李自超. 植物耐盐性研究进展[J].玉米科学，2002，10(1)：50－56.

[21]程然然. NaCl胁迫下甜菜光合能力和光保护机制的研究[D]. 山东师范大学，2014.

[22]WU GUOQIANG, LIANG NA, FENG RUIJUN, et al. Evaluation of salinity tolerance in seedlings of sugar beet (*Beta vulgaris* L.) cultivars using proline, soluble sugars and cation accumulation criteria[J]. Acta Physiologiae Plantarum, 2013, 35(9): 2665－2674.

[23]WU GUOQIANG, FENG RUIJUN, LIANG NA, et al. Sodium chloride stimulates growth and alleviates sorbitol－induced osmotic stress in sugar beet seedlings[J]. Plant Growth Regulation, 2015, 75(1): 307－316.

[24]Farkhondeh R, Nabizadeh E, Jalinezhad N. Effect of salinity stress on proline content, membrane stability and water relations in two sugar beet culti-

vars[J]. International Journal of AgriScience, 2012, 2(5): 385 – 392.

[25]冯瑞军, 伍国强. 甜菜耐盐性生理及其分子水平研究进展[J]. 中国糖业, 2015, 37(6): 60 – 65, 70.

[26]金明亮, 贾海伦. 甜菜作为能源作物的优势及其发展前景[J]. 中国糖料, 2011(1): 58 – 59, 66.

[27]於丽华, 韩晓日, 耿贵, 等. NaCl 胁迫下甜菜三种内源激素含量的动态变化[J]. 东北农业大学学报, 2014, 45(12): 58 – 64.

[28]朱虹, 祖元刚, 王文杰, 等. 逆境胁迫条件下脯氨酸对植物生长的影响[J]. 东北林业大学学报, 2009(4): 86 – 89.

[29]徐恒刚, 刘书润. 土壤盐渍化对盐生植被的影响[J]. 内蒙古草业, 2004(2): 1 – 2.

[30]刘凤华, 郭岩, 谷冬梅, 等. 转甜菜碱醛脱氢酶基因植物的耐盐性研究[J]. 遗传学报, 1997, 24(1): 54 – 59.

[31]Van Rensburg L, Krüger G H J, Krüger H. Proline accumulation as drought – tolerance selection criterion: its relationship to membrane integrity and chloroplast ultrastructure in *Nicotiana tabacum* L. [J]. Journal of Plant Physiology, 1993, 141(2): 188 – 194.

[32]赫买良, 韩晓玲, 权麻玉, 等. 脯氨酸累积与植物的耐盐性[J]. 甘肃农业科技, 2006(12): 22 – 24.

[33]郭伟, 王庆祥, 于立河. 盐碱混合胁迫对小麦幼苗阳离子吸收和分配的影响[J]. 麦类作物学, 2011, 31(4): 735 – 740.

[34]覃喜军, 黄夕洋, 蒋水元, 等. 罗汉果花芽分化过程中内源激素的变化[J]. 植物生理学通讯, 2010(9): 939 – 942.

[35]周红兵, 王迎春, 石松利, 等. NaCl 胁迫对盐生植物长叶红砂幼苗内源激素的影响[J]. 内蒙古大学学报(自然科学版), 2010(5): 531 – 535.

[36]侯蕾, 陈龙俊. 盐胁迫对拟南芥叶片和下表皮细胞大小的影响[J]. 安徽农业科学, 2011(13): 7615 – 7616.

[37]牟咏花, 张德威. NaCl 胁迫下番茄苗的生长和营养元素积累[J]. 植物生理学通讯, 1998, 34(1): 14 – 16.

[38]钟新榕. 外源 ABA 及 GA$_3$对 NaCl 胁迫下黄瓜幼苗的影响[D]. 甘肃农

业大学, 2005.

[39] 魏国强, 朱祝军, 方学智, 等. NaCl 胁迫对不同品种黄瓜幼苗生长、叶绿素荧光特性和活性氧代谢的影响[J]. 中国农业科学, 2004, 37(11): 1754 – 1759.

[40] 付艳, 高树仁, 杨克军, 等. 盐胁迫对玉米耐盐系与盐敏感系苗期几个生理生化指标的影响[J]. 植物生理学报, 2011, 47(5): 459 – 462.

[41] 柏章才, 马亚怀, 李彦丽. 2011 年国家甜菜品种区域试验品种稳定性测定[J]. 中国糖料, 2013(4): 44 – 46, 48.

[42] 李彦丽, 柏章才, 马亚怀. 优良甜菜新品种 Beta866 的引进[J]. 中国糖料, 2012(4): 27 – 28.

[43] 秦树才, 李刚, 李实, 等. 我国甜菜抗盐资源的鉴定[J]. 中国糖料, 2004(2): 43 – 47.

[44] 陈业婷, 李彩凤, 赵丽影, 等. 甜菜耐盐性筛选及其幼苗对盐胁迫的响应[J]. 植物生理学通讯, 2010, 46(11): 1121 – 1128.

[45] Farkhondeh R, Nabizadeh E, Jalilnezhad N. Effect of salinity stress on proline content, membrane stability and water relations in two sugar beet cultivars[J]. International Journal of AgriScience, 2012, 2(5): 385 – 392.

[46] HU YUNCAI, Schmidhalter U. Drought and salinity: a comparison of their effects on mineral nutrition of plants[J]. Journal of Plant Nutrition and Soil Science, 2005, 168(4): 541 – 549.

[47] Parihar P, Singh S, Singh R, et al. Effect of salinity stress on plants and its tolerance strategies: a review[J]. Environmental Science and Pollution Research, 2015, 22(6): 4056 – 4075.

[48] 苏宏鑫. 细胞全能性的概念及其内在原因的分析[J]. 中学生物教学, 2014(4): 43 – 46.

[49] 曾洪学, 张小华. 植物细胞全能性理论在中国的研究与实践[J]. 分子植物育种, 2004, 2(6): 885 – 889.

[50] 张仲林. 细胞的全能性[J]. 生物学教学, 2014, 39(4): 72 – 73.

[51] GUO LONGFANG, XUE FUDONG, GUO JIUFENG. Plant tissue culture: a recent progress and potential applications [J]. Agricultural Science and

Technology, 2014, 15(12): 2880 – 2095.

[52]薛庆善. 体外培养的原理与技术[M]. 北京: 科学出版社, 2001.

[53]Sancak C, Mirici S, Özcan S. High frequency shoot regeneration from immature embryo explants of Hungarian vetch[J]. Plant Cell, Tissue and Organ Culture, 2000, 61(3): 231 – 235.

[54]苏明学, 张芳. "细胞分化与细胞全能性"的教学思路[J]. 生物学通报, 2011, 46(7): 40 – 42.

[55]孙忠清. 植物细胞的全能性及应用[J]. 安徽农业科学, 2013, 41(21): 8843 – 8844.

[56]JIA XUEFANG, WANG CHAO, JIA SIQI. A system of in vitro culture of unfertilized cabbage ovary[J]. Chinese Agricultural Science Bulletin, 2016, 32(1): 12.

[57]王慧芳. 甘蓝组织培养再生、转化及筛选系统的优化研究[D]. 山西农业大学, 2004.

[58]袁云香, 张莹. 水稻组织培养的研究进展[J]. 江苏农业科学, 2010 (1): 83 – 86.

[59]李素娟. 水稻成熟胚组织培养能力遗传机制的相关研究[D]. 浙江大学, 2012.

[60]胡时开, 陶红剑, 钱前, 等. 水稻耐盐性的遗传和分子育种的研究进展 [J]. 分子植物育种, 2010, 8(4): 629 – 640.

[61]陈晓玲, 尚丽, 宋晓丹, 等. 黑色马铃薯的组织培养及快繁技术研究 [J]. 安徽农业科学, 2013, 41(10): 4252 – 4254.

[62]王萍, 赵欢, 易乐飞, 等. 三个向日葵品种在培养基中的耐盐性鉴定 [J]. 作物杂志, 2008(6): 19 – 21.

[63]吴永英, 张喜林, 高兴武, 等. 甜菜组织培养中外植体褐变影响因素的研究[J]. 中国甜菜糖业, 2004, 3: 17 – 20.

[64]Winter K, Garcia M, Holtum J A M. On the nature of facultative and constitutive CAM: environmental and developmental control of CAM expression during early growth of *Clusia*, *Kalanchoë*, and *Opuntia*[J]. Journal of Experimental Botany, 2008, 59(7): 1829 – 1840.

[65] Nabors M W, Gibbs S E, Bernstein C S, et al. NaCl – tolerant tobacco plants from cultured cells[J]. Zeitschrift für Pflanzenphysiologie, 1980, 97: 13 – 17.

[66] 郑翠兵. 盐胁迫下甜菜碱对甜菜光合作用及抗氧化能力的影响[D]. 黑龙江大学, 2011.

[67] 王燕飞, 刘华君, 张立明, 等. 栽培甜菜的种类及利用价值[J]. 中国糖料, 2004(4): 43 – 46.

[68] 白晨, 云和义, 王友平, 等. 我国甜菜生产概况[J]. 内蒙古农业科技, 1997(5): 8 – 10, 26.

[69] 刘晓峰, 李莉. 甘蔗燃料乙醇生产技术研究进展[J]. 山东食品发酵, 2015(4): 25 – 27.

[70] 李魁, 路洪义. 甜菜制燃料乙醇生产工艺的研究[J]. 中国酿造, 2010 (7): 160 – 162.

[71] İçöz E, Tuğrul K M, Saral A, et al. Research on ethanol production and use from sugar beet in Turkey[J]. Biomass and Bioenergy, 2009, 33 (1): 1 – 7.

[72] Zheng Y, Lee C, Yu C, et al. Dilute acid pretreatment and fermentation of sugar beet pulp to ethanol[J]. Applied Energy, 2013, 105: 1 – 7.

[73] 李建平, 危晓薇, 郝晓燕, 等. 新疆甜菜组织培养及植株再生研究[J]. 新疆农业科学, 2010, 10: 1924 – 1928.

[74] 吴则东, 王华忠. 组织培养技术在甜菜上的应用及未来展望[J]. 中国糖料, 2012(3): 72 – 73.

[75] Jung B, Ludewig F, Schulz A, et al. Identification of the transporter responsible for sucrose accumulation in sugar beet taproots[J]. Nature Plants, 2015(1): 1 – 6.

[76] 师楠. 长蕊甜菜树组织培养研究[J]. 云南农业科技, 2011(2): 14 – 17.

[77] 段肖霞, 郝秀英, 刘传军, 等. 甜菜组织培养过程中同工酶及可溶性蛋白质的变化[J]. 中国甜菜糖业, 2007(4): 9 – 13.

[78] Pennypacker B L, Gilberto D, Gatto N T, et al. Odanacatib increases mineralized callus during fracture healing in a rabbit ulnar osteotomy model[J].

Journal of Orthopaedic Research, 2016, 34(1): 72 – 80.

[79] Ruelland E, Pokotylo I, Djafi N, et al. Corrigendum: salicylic acid modulates levels of phosphoinositide dependent – phospholipase C substrates and products to remodel the *Arabidopsis* suspension cell transcriptome[J]. Frontiers in Plant Science, 2016, 7: 36.

[80] Munns R, Tester M. Mechanisms of salinity tolerance[J]. Annual Review of Plant Biology, 2008, 59: 651 – 681.

[81] Dar R A, Ahmad M, Kumar S, et al. Agriculture germplasm resources: a tool of conserving diversity[J]. Scientific Research and Essays, 2015, 10 (9): 326 – 338.

[82] 郝秀英, 周勃, 王燕飞, 等. 甜菜组织培养直接器官发生和植株再生 [J]. 中国甜菜糖业, 2006(1): 19 – 21.

[83] 杨爱芳. 利用生物工程技术创造甜菜耐盐新种质[D]. 山东大学, 2003.

[84] 吴运荣, 林宏伟, 莫肖蓉. 植物抗盐分子机制及作物遗传改良耐盐性的 研究进展[J]. 植物生理学报, 2014(11): 1621 – 1629.

[85] 尤佳. 盐胁迫对盐生植物黄花补血草幼苗生理生化特性的影响[D]. 西 北师范大学, 2012.

[86] 李周岐, 周志华, 郭军战, 等. 河北杨体细胞抗盐性突变体离体筛选的 研究[J]. 西北林学院学报, 1995(3): 1 – 7.

[87] 王晓冬, 王成, 马智宏, 等. 短期 NaCl 胁迫对不同小麦品种幼苗 K^+ 吸 收和 Na^+、K^+ 积累的影响[J]. 生态学报, 2011, 31(10): 2822 – 2830.

[88] 王金平, 王舒甜, 岳健敏, 等. 香樟幼苗对 NaCl 胁迫的生理响应[J]. 中国水土保持科学, 2016(5): 82 – 89.

[89] 叶融, 高嘉玥. 盐胁迫对玉米种子呼吸速率及过氧化物酶活性的影响 [J]. 河南农业, 2016(24): 41 – 42.

[90] 齐曼・尤努斯, 李秀霞, 李阳, 等. 盐胁迫对大果沙枣膜脂过氧化和保 护酶活性的影响[J]. 干旱区研究, 2005(4): 503 – 507.

[91] 滕春喜. 甜菜 M14 单体附加系的组织培养[D]. 黑龙江大学, 2007.

[92] 卢兴霞, 郭文涛, 孙云, 等. 中华补血草组培苗对 NaCl 胁迫的生长及生 理响应[J]. 北方园艺, 2016(18): 154 – 159.

[93] 柴向华, 李军, 张秀珊. 植物组织培养中污染的控制[J]. 热带农业科学, 2003(6): 40-44.

[94] Freytag A H, Wrather J A. Salt tolerant sugarbeet progeny from tissue cultures challenged with multiple salts[J]. Plant Cell Reports, 1990, 8: 647-650.

[95] Speer M, Kaiser W M. Ion relations of symplastic and apoplastic space in leaves from *Spinacia oleracea* L. and *Pisum sativum* L. under salinity[J]. Plant Physiology, 1991, 97(3): 990-997.

[96] 宋立奕. 盐胁迫对青檀幼苗生长及生理特性的影响[D]. 南京林业大学, 2004.

[97] 孙璐. 高粱耐盐品种筛选及耐盐机制的研究[D]. 沈阳农业大学, 2012.

[98] 付瑞敏, 邢文会, 谷亚楠, 等. 耐盐性脂肪酶产生菌的分离、鉴定及紫外线 &He-Ne 激光复合诱变[J]. 食品科技, 2015(8): 25-30.

[99] 张建华, 陈火英, 庄天明. 番茄耐盐体细胞变异体的离体筛选[J]. 西北植物学报, 2002(2): 257-263.

[100] 向邓云. 植物生长调节物质对植物组织培养形态建成的调节控制[J]. 涪陵师范学院学报, 2001(3): 119-123.

[101] Yamada N, Promden W, Yamane K, et al. Preferential accumulation of betaine uncoupled to choline monooxygenase in young leaves of sugar beet Importance of long-distance translocation of betaine under normal and salt-stressed conditions [J]. Journal of Plant Physiology, 2009(18): 2058-2070.

[102] 李倩, 刘景辉, 武俊英, 等. 盐胁迫对燕麦质膜透性及 Na^+、K^+ 吸收的影响[J]. 华北农学报, 2009(6): 88-92.

[103] Gangopadhyay G, Basu S, Mukherjee B B, et al. Effects of salt and osmotic shocks on unadapted and adapted callus lines of tobacco[J]. Plant Cell, Tissue and Organ Culture, 1997, 49(1): 45-52.

[104] Ehsanpour A A, Fatahian N. Effects of salt and proline on Medicago sativa callus[J]. Plant Cell, Tissue and Organ Culture, 2003, 731(1): 53-56.

[105] 萨日娜. 水稻耐盐突变体的筛选及其再生植株耐盐性鉴定[D]. 东北农

业大学, 2013.

[106]毛桂莲, 许兴. 枸杞耐盐突变体的筛选及生理生化分析[J]. 西北植物学报, 2005(2): 275-280.

[107]WANG BAOSHAN, Luttge U, Ratajczak R. Specific regulation of SOD iso-forms by NaCI and osmotic stress in leaves of the C$_3$ halophyte *Suaeda Salsa* L. [J]. Journal of Plant Physiology, 2004, 161(3): 285-293.

[108]许兴, 毛桂莲, 李树华, 等. NaCl 胁迫和外源 ABA 对枸杞愈伤组织膜脂过氧化及抗氧化酶活性的影响[J]. 西北植物学报, 2003(5): 745-749.

[109]周玉丽. 甜叶菊 EMS 诱变及耐盐突变体的筛选与鉴定[D]. 安徽农业大学, 2013.

[110]俞倩茹. 水稻9311 苗期耐逆突变体的筛选和生理指标鉴定[D]. 浙江大学, 2012.

[111]张智猛, 宋文武, 丁红, 等. 不同生育期花生渗透调节物质含量和抗氧化酶活性对土壤水分的响应[J]. 生态学报, 2013(14): 4257-4265.

[112]谭会娟, 李新荣, 赵昕, 等. 红砂愈伤组织适应盐胁迫的渗透调节机制研究[J]. 中国沙漠, 2011(5): 1119-1123.

[113]韩元凤. 甘薯耐盐突变体的离体筛选及鉴定[D]. 中国农业大学, 2004.

[114]华婧. 马铃薯高频再生体系建立及离体茎尖诱变筛选耐盐突变体的研究[D]. 辽宁师范大学, 2008.

[115]肖雯, 贾恢先, 蒲陆梅. 几种盐生植物抗盐生理指标的研究[J]. 西北植物学报, 2000, 20(5): 818-825.

[116]王冬梅, 黄学林, 黄上志. 细胞分裂素类物质在植物组织培养中的作用机制[J]. 植物生理学通讯, 1996(5): 373-377.

[117]徐涌, 孙骏威, 陈珍. 不同植物生长调节物质处理对吴茱萸组织培养的影响[J]. 浙江农林大学学报, 2011(3): 500-504.

[118]周燕青, 丁兰, 徐步青, 等. 不同植物生长调节物质对条叶榕组织培养的影响[J]. 浙江农林大学学报, 2013(3): 453-458.

[119]李代丽, 康向阳. 植物愈伤组织培养中内外源激素效应的研究现状与

展望[J]. 生物技术通讯, 2007(3): 546 – 548.

[120] 朱向涛, 王雁, 吴倩, 等. 江南牡丹茎段愈伤组织诱导与植株再生[J]. 核农学报, 2015(1): 56 – 62.

第二篇
盐胁迫下甜菜耐盐和盐敏感品系响应蛋白及适应机制研究

第1章　绪论

1.1　土壤盐渍化

土壤盐渍化是指土壤底层或地下水的盐分随毛细管水上升到地表,水分蒸发后,盐分积累在表层土壤中的过程。在干旱和半干旱的区域,由于蒸发作用强烈,地下水上升,地下水所含盐分留在土壤表层,又由于较小的降水量不能淋溶排走土壤表层盐分,因此越来越多的盐分聚集在土壤表面,尤其是一些易溶解的盐分,如 $NaCl$、Na_2SO_4、Na_2CO_3 等,导致了盐渍化土壤的形成。我国是世界上盐渍化土壤总面积较大的国家之一,盐渍化土壤主要分布在地势较低平,径流滞缓的平原、盆地、湖泊、沼泽等处,同时不正确的灌溉措施也可导致次生盐渍化土壤的形成,使盐渍化土壤面积不断扩大,给农业生产、生态环境保护和经济发展带来了不利影响。

目前我国盐渍化土壤面积还在进一步扩大,盐渍化程度不断加剧,如何实施有效的措施来抑制土壤盐渍化,改良利用现有盐渍化土壤,成为科学研究中的热点问题。培养耐盐农作物品种及改良作物的耐盐性,有望成为解决土壤盐渍化的一种有效手段。对植物盐胁迫下生理变化和耐盐植物耐盐机理的研究,对改良植物耐盐性及提高农作物的产量有着重要的意义。

1.2　土壤盐渍化对植物生长的影响

土壤中的盐分大多数聚集在耕土层,盐分浓度高的土壤对农作物的根系生长会产生严重的威胁,使农作物的生长受到影响,最终造成作物大规模歉收和减产。在植物生长过程中,一定量的 Na^+ 参与会起到一定的促进作用,但高浓度的 Na^+ 会对植物产生毒害作用。高浓度盐分对植物的影响主要包括渗透胁迫、离子毒害及氧化胁迫等。渗透胁迫主要是指土壤盐分过高导致植物不能从外界环境中得到充足的水分,进而使植物产生生理性缺水等。离子毒害是指高浓度盐胁迫下,大部分植物的生长都会受到不同程度的抑制,植物体内几乎所有的生命活动,如光合作用、蛋白质合成、能量代谢和脂类物质代谢等都受到盐胁迫的干扰。氧化胁迫是指在盐胁迫下产生的高浓度活性氧,可氧化损伤生物大分子,如脂质蛋白和核酸等,进而破坏植物细胞的新陈代谢等。

盐胁迫对植物生长的影响在不同种类的植物之间存在较大差异,而且在同一植株的不同器官之间也存在较大差异。有研究表明,不同类型的植物对于致死盐浓度的忍耐程度等存在一定差异。另外,有研究表明,植物茎叶比根对盐胁迫更敏感,但也有部分植物的地上部分受盐胁迫影响比根小。

1.3 植物耐盐机理研究进展

近年来,关于植物耐盐性的研究取得了较大进展,如运用基因克隆和转基因的方法对植物耐盐性进行改良。但植物耐盐性并不是单基因决定的,它是一个多途径参与、多基因同时调控的生理代谢过程。在高盐条件下植株的形态结构及细胞内部的生理代谢均发生显著变化,有些变化可使植物更好地适应盐胁迫环境。

组织器官水平的研究表明,一些植物主要可通过泌盐和排钠等机制减少盐离子的伤害,降低地上部分的盐离子对光合作用等生命活动的影响。植物的泌盐过程在一些耐盐植物中是通过盐腺来完成的,泌盐可以使植物体内的盐离子维持在较低水平,保证植物正常生长。除此以外,耐盐植物还可通过稀盐、拒盐等方式在浓度较高的盐环境中正常生长,并完成完整生活史。在细胞和分子水平上,细胞内进行一系列的生理生化调节,起到减轻盐害的作用,如在细胞内将盐离子进行区隔化、清除活性氧及合成有机渗透调节物质进而提高植物的抗盐能力。当植物感受到高盐环境时,盐离子将促使细胞内 Ca^{2+} 急剧增加,进一步调控植物体内活性氧的积累。过量积累的活性氧和

Ca^{2+} 协同调节体内 ABA 的合成与释放,通过 ABA 的积累进一步调控下游基因的转录及表达。

耐盐植物同普通非耐盐植物相比,具有相似的盐胁迫响应信号途径。研究表明,耐盐植物与非耐盐植物的主要区别在其对盐胁迫响应的高效性方面。例如,耐盐植物与非耐盐植物同样利用 Ca^{2+} 及相关信号调节植物对盐胁迫的响应,但盐胁迫下耐盐植物不但在响应时间上更为迅速,而且细胞内 Ca^{2+} 的浓度也有更大的提升,同时,Ca^{2+} 信号相关的激酶在耐盐植物中对盐胁迫的响应更为迅速和剧烈。耐盐植物在盐胁迫下具有更好的细胞膜电位保持性,可降低盐胁迫造成的细胞膜去极化。近年来,活性氧清除也是耐盐机理研究中的热点,活性氧清除的关键酶——抗氧化酶在拟南芥、水稻、大豆等植物中的研究也屡见报道。植物体内的抗氧化系统包含抗氧化酶系统和非酶类抗氧化系统,抗氧化酶系统主要包括 SOD、APX、CAT、谷胱甘肽过氧化物酶(glutathione peroxidase,GPx)和硫氧还蛋白(thioredoxin,Trx)等;非酶类抗氧化系统主要包括抗坏血酸、谷胱甘肽等。抗氧化酶系统和非酶类抗氧化系统协同作用,使植物体具有高效的抗氧化能力,并且 SOD 等抗氧化酶的活性,也是评价作物耐盐能力的重要指标。

虽然研究耐盐植物盐胁迫下特异的响应机制对于作物改良具有重要意义,但许多耐盐植物具有独特的形态结构和生理功能,如耐盐植物特有的盐腺、盐囊泡等,使利用耐盐植物的耐盐性进行作物改良具有一定局限性。因此,利用具有优良耐盐性及盐敏感性的作物种质资源,比较盐胁迫下其响应及适应机制的差异性及一致性,进而确定与作物耐盐及盐敏感相关的关键基因、蛋白及信号响应途径,对于研究作物的耐盐及盐胁迫响应的分子机制具有重要意义。

1.4　植物盐胁迫蛋白质组学研究进展

蛋白质组学,是以蛋白质组为研究对象,研究组织、细胞或生物体蛋白质组成及其变化规律的科学。目前关于植物耐盐机理的研究大多集中在基因组水平上,然而在基因组水平上所获取的基因表达信息并不足以揭示该基因在细胞内的确切功能,因此,对植物耐盐这一复杂的活动有全面和深入的认识,直接对蛋白质的表达模式和功能进行研究成为生命科学发展的必然趋势,从基因水平向蛋白质水平的深化已经成为生命科学研究的迫切需要和新任务。蛋白质组学的建立为研究蛋白质水平的生命活动提供了新的有效研究手段,它能阐明真正执行生命活动的蛋白质所特有的表达规律和生物学功能,在基因组学研究中不能解决的问题可望在蛋白质组学研究中找到答案。比较蛋白质组学是该领域的重要研究方向之一,其核心在于寻找某种特定因素所引起的样本之间蛋白质组的差异,揭示并验证蛋白质组在生理或病理过程中的变化。该项技术目前已广泛应用于生命科学研究的各个领域,具有很强的可实现性。目前关于耐盐植物的蛋白质组学研究报道较多,已有的报道主要集中在大豆、拟南芥、水稻等植物中,但存在研究手段局限、鉴定的差异表达蛋白数量少以及假阳性较高等缺点。近年来蛋白质组学发展迅速,除了传统的双向电泳之外,还发展出了差异凝胶电泳(differential gel electrophoresis,DIGE)、同位素标记相对和绝对定量(isobaric tags for relative and absolute quantication,iTRAQ)、无标记定量(label free quantification)及多重反应监测(multiple reaction monitoring,MRM)。这些新兴的蛋白质组学技术具有较强的稳定性及重复性,并且在监测蛋白质的动态范围及敏感性方面表现较好,特别是在分离细胞膜蛋白、酸性蛋白、碱性蛋白、分子质量较大或较小蛋白质等方面存在较大的优势。

1.5 甜菜耐盐性相关研究进展

一些研究表明,不同品种及基因型的甜菜耐盐性差异较大,并且高盐胁迫会直接影响甜菜的块根产量及含糖量,因此,培育及筛选耐盐高产的甜菜品种,成为甜菜生产过程中急需解决的实际问题。

关于甜菜盐胁迫响应及适应机制的研究大多集中在常规生理学方面,并存在测定指标受限及数据没有整合分析等问题。笔者所在课题组成员前期在蛋白质组学方面对单一甜菜品种的盐胁迫响应进行了研究,但存在数据量少、假阳性高等问题。已报道的生理学与蛋白质组学研究,在研究材料及盐处理方式上差异较大,使这些研究结果缺乏有机的整合分析,进而对实质问题的解释仍有很大不足。

　　笔者所在课题组前期将搜集到的 300 份国内外有代表性的甜菜种质资源材料,在 280 mmol/L NaCl 条件下进行幼苗溶液培养,通过表型分析及耐盐指数测定等,筛选耐盐及盐敏感种质资源材料。溶液培养试验及框栽土培试验证实,甜菜 T510 品系具有较强的耐盐特性,而甜菜 S210 品系为盐胁迫敏感品系,两个材料均是二倍体品系且遗传背景相近,是研究甜菜盐胁迫响应及适应机制的优良材料。本篇利用蛋白质组学技术及生理学研究手段,全面系统地对耐盐品系 T510 和盐敏感品系 S210 进行盐胁迫下响应蛋白及适应机制的差异性和一致性研究,确定与甜菜耐盐及盐敏感相关的关键基因、蛋白质及信号途径,为甜菜耐盐高产品种的培育及盐渍化土壤的利用奠定一定理论基础。

第 2 章　试验材料与方法

2.1　试验材料

本书选取的材料为甜菜耐盐品系 T510 及甜菜盐敏感品系 S210,为黑龙江大学农作物研究院保存。

2.2　试验方法

2.2.1　甜菜幼苗溶液培养

试验所用种子置于带有过滤网的器皿(器皿先用 70% 乙醇清洗消毒)中,20 ℃温水浸泡 1.5 h,流动水持续冲洗 4.5 h,75% 乙醇振荡 2 min,蒸馏水冲洗 5 次,0.1% 升汞振荡 15 min,蒸馏水冲洗 5 次,最后用 0.2% 福美双浸泡 8 h,用蒸馏水冲洗 10 min。

将高温灭菌的蛭石置于发芽盒中,用适量蒸馏水润湿后播种消毒的种子,覆盖蛭石至完全覆盖种子。置于光照培养室中催芽 2 d,光照培养条件为光照强度 6 000 lx,每天光照 8 h,昼夜温度 25 ℃/20 ℃,湿度 65%。

播种后的第 6 天,选取长势均一、健康的幼苗移入盛有 5 L 改良 1/2 Hoagland's 营养液的水槽中,每个水槽中培养 4 株甜菜幼苗,培养 7 d。而后将两个甜菜品系分别进行盐胁迫培养:共设置 2 个处理(0 mmol/L、280 mmol/L NaCl),每个处理进行 3 次生物学重复,均定期更换新营养液。在盐胁迫7 d后收获,处理样品并测定相关指标。

2.2.2　根和叶蛋白质的提取

(1)将甜菜幼苗的根或叶,在液氮中研磨成粉末,转移到2 mL离心管中,加入1.5 mL预冷的90%丙酮(含10%三氯乙酸、0.07%二硫苏糖醇),振荡,充分混匀后在−20 ℃下沉淀2 h。

(2)将上述混合液在4 ℃条件下10 000 r/min离心30 min,弃上清液,收集沉淀。

(3)沉淀用丙酮(含0.07%二硫苏糖醇)洗涤,置于−20 ℃内沉淀1.5 h。

(4)在4 ℃条件下10 000 r/min离心30 min,弃上清液,收集沉淀。

(5)重复(3)和(4)步骤2遍。

(6)4 ℃条件下10 000 r/min离心30 min,弃上清液,收集沉淀。

(7)加入300 μL蛋白裂解液溶液,振荡5 min。

(8)10 000 r/min离心30 min,弃沉淀,取上清液,分装后保存在−20 ℃。

2.2.3　蛋白质浓度的Bradford法测定

(1)进行蛋白质标准曲线的制作。取用5个5 mL离心管,分别加入1 mg/mL的BSA(牛血清白蛋白)标准品若干,加入BSA的量参考表2−2−1。

表2−2−1　BSA标准曲线的制作

离心管序号	1	2	3	4	5
BSA/μL	0	2	4	6	8

(2)将每个待测样品5 μL加入5 mL离心管中,每个样品设置3次重复。

(3)配制工作液。根据BSA标准品和待测样品数量,按$V(BCA):V(Cu)=50:1$的比例配制成BCA工作液,室温下充分混匀,在24 h内使用。

(4)在BSA标准品及待测样品中加入2 mL BCA工作液。

（5）37 ℃放置 20 min，在 562 nm 下测定吸光度。

（6）根据 562 nm 处吸光度，进行标准曲线制作，并计算待测样品浓度。

2.2.4　SDS – PAGE

（1）配制 12% 分离胶：吸取 1.65 mL 蒸馏水、1.25 mL 1.5 mol/L Tris – HCl（pH = 8.8）、0.05 mL 10% SDS、2 mL 30% Acr – Bis（29∶1）、0.05 mL 10% APS（过硫酸铵）、0.002 mL TEMED，进行分离胶的配制。配胶时要迅速，防止时间过长。配好后，在一面玻璃板上加 5 次 950 μL 分离胶，然后加水至与板面水平，制好后等待 20 min。

（2）5% 浓缩胶的配制：吸取 0.33 mL 30% Acr – Bis（29∶1）、0.02 mL 10% SDS、0.02 mL 10% APS、0.002 mL TEMED、0.25 mL 1 mol/L Tris – HCl（pH = 6.8）、1.4 mL 蒸馏水，具体配制过程同（1）。

（3）吸取 2 μL 样品，进行 SDS – PAGE。

2.2.5　蛋白质样品还原烷基化和酶解

（1）取样品加入二硫苏糖醇（终浓度 10 mmol/L），在 56 ℃下反应30 min后，加入 IAA（终浓度 20 mmol/L），室温下避光反应 30 min。

（2）加入预冷的丙酮[V（丙酮）∶V（样品）= 5∶1]，– 20 ℃沉淀 2 h。

（3）4 ℃条件下 12 000 r/min 离心 20 min，取沉淀。

（4）含 1 mol/L 尿素的 TEAB 溶解液 20 μL，混悬，使样品充分溶解。

（5）加入胰蛋白酶[m（酶）∶m（蛋白质）= 1∶50]，37 ℃下酶解 15 h。

（6）酶解液加入 TFA（终浓度 0.5%），终止酶解，浓缩冻干。

2.2.6　蛋白质肽段 iTRAQ 标记

（1）处理后的蛋白质样品经胰蛋白酶消化后，用真空离心泵抽干肽段。

（2）用 0.5 mol/L TEAB 复溶肽段，进行 iTRAQ 标记。

（3）共标记 4 组样品，每个样品重复 3 次。每组肽段被不同的 iTRAQ 标签标记,室温培养 2 h。

(4)每组中将肽段混合,用 C18 反相色谱柱进行液相分离。

(5)将获取的各组肽段分别混合,样品分为 2 份。

(6)分别用 C18 反相色谱柱进行液相分离。

2.2.7　高 pH RPLC 第一维分离

(1)色谱柱:2.1 mm×150 mm XBridge BEH300。A 相:水(氨水、甲酸调至 pH = 10)。B 相:100% CAN。紫外检测波长:214 nm/280 nm。流速:200 μL/min。梯度: 60 min。

(2)根据峰型和时间共收取 10 个馏分,真空离心浓缩后,用 50 μL RPLC A 相(水,氨水、甲酸调至 pH = 10)溶解,进行第二维分析。

2.2.8　质谱鉴定、数据搜索及定量分析

2.2.8.1　主要参数

C18 反相色谱柱:150 mm×75 μm,3 μm。色谱分离时间:90 min。流动相 A:0.1% 甲酸。流动相 B:乙腈。流速:300 nL/min。扫描范围(m/z):350 ~ 1 200。采集模式:DDA Top Speed。质谱分辨率:60 000。周期最大为 3 s。MS/MS 扫描范围(m/z):100 ~ ($m/z×z + 10$)。碎裂方式:HCD。分辨率:30 000。动态排除时间:40 s。对分离样品进行 MS 扫描,MS 和 MS/MS 质量误差应低于 20 mu。进样之前首先要进行分子质量校正,完成校正后用 70% 乙腈清洗进样针、样品柱和色谱柱。

2.2.8.2　数据库搜索和定量分析

选定甜菜蛋白数据库 UniProtKB/Swiss – Prot database(uniprot – taxonomy_3555_20160412)作为搜索的主要数据库。查库时将 RAW 文件通过 Proteome Discoverer 提交至服务器,选择已经建立好的数据库,然后进行数据库搜索。每个样品报告离子的峰面积与对照样品中同一蛋白质所得报告离子的

MS/MS 图谱峰面积的比值作为相对定量的结果。同时将 $P < 0.05$、比值大于 1.3 的定量结果作为上调蛋白,比值小于 0.7 的定量结果作为下调蛋白。

2.2.9　差异表达蛋白的生物信息学分析

对于质谱原始文件,进行峰识别,得到峰列表。建立参考数据库,进行肽段及蛋白质的鉴定。对鉴定出的所有蛋白质进行 GO 功能分类注释和 KEGG 通路注释,对差异表达蛋白进行分析。

2.2.10　甜菜生理指标的测定

2.2.10.1　甜菜植株干重测定

部分收获,105 ℃杀青 30 min,70 ℃烘干至恒重,测定干重。

2.2.10.2　叶面积测定

扫描甜菜叶片,然后分析叶片面积。

2.2.10.3　叶片相对含水量测定

称取新鲜叶片放入注满蒸馏水的容器内,待叶片吸饱水(用时 1 d)测定叶片质量并计算叶片的相对含水量。

2.2.10.4　叶绿素含量测定

利用丙酮比色法,测定叶片叶绿素含量。

2.2.10.5　MDA 含量测定

采用硫代巴比妥酸显色反应法。

2.2.10.6　抗氧化酶类

SOD 活性测定采用氮蓝四唑法,GPx 活性测定采用愈创木酚法,CAT 活性测定采用聚乙烯吡咯烷酮法。

2.2.10.7　甜菜植株养分测定

烘干样品采用 $H_2SO_4 - H_2O_2$ 消煮法提取氮、磷、K^+，氮含量用凯氏定氮法测定，磷用偏钒酸铵法测定，K^+、Na^+ 用火焰分光光度计测定。Cl^- 的测定参照关瑞等人的方法进行。

第3章　试验结果

3.1　甜菜耐盐及盐敏感品系的表型及生理分析

3.1.1　甜菜耐盐及盐敏感品系的表型分析

　　将盐胁迫7 d的甜菜耐盐品系T510及甜菜盐敏感品系S210进行表型分析,分析结果如图2-3-1所示。在正常条件下,耐盐品系T510及盐敏感品系S210表型上没有显著差别,二者生长状态较一致。然而在280 mmol/L NaCl胁迫下,耐盐品系T510生长状态明显优于盐敏感品系S210。以上结果表明,耐盐品系T510耐盐性明显优于盐敏感品系S210。

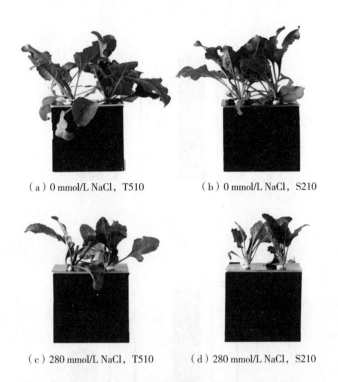

（a）0 mmol/L NaCl，T510　　　　　（b）0 mmol/L NaCl，S210

（c）280 mmol/L NaCl，T510　　　　（d）280 mmol/L NaCl，S210

图 2 - 3 - 1　甜菜耐盐及盐敏感品系的表型分析

3.1.2　甜菜耐盐及盐敏感品系的生理指标分析

　　表型分析后,进一步分析两个甜菜品系的植株干重、叶面积、叶片相对含水量及叶绿素含量等生理指标,分析结果如图 2 - 3 - 2 所示。在对照条件(正常条件)下,两个品系的植株干重、叶面积、叶片相对含水量及叶绿素含量等生理指标没有显著差异,但在盐胁迫下,耐盐品系 T510 的各项生理指标要明显优于盐敏感品系 S210,这与表型分析的结果一致,表明耐盐品系 T510 的耐盐性显著优于盐敏感品系 S210。

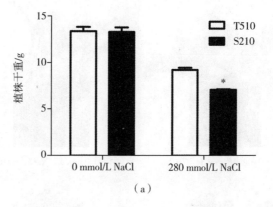

（a）

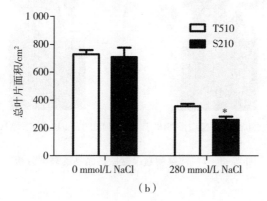

（b）

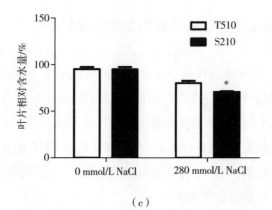

（c）

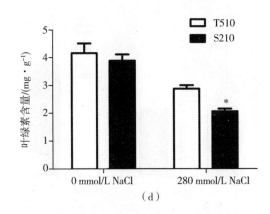

图 2 - 3 - 2　甜菜耐盐及盐敏感品系的生理指标分析

3.1.3　甜菜耐盐及盐敏感品系抗氧化系统分析

　　之前有研究表明,甜菜耐盐性与其体内抗氧化系统具有较强的相关性。因此,本书检测了在对照条件(正常条件)下及盐胁迫下两个品系的抗氧化酶活性。如图 2 - 3 - 3(a)和(b)所示,在盐胁迫下,两个品系 MDA 含量及相对电导率均显著增加,耐盐品系 T510 的 MDA 含量及相对电导率均显著低于盐敏感品系 S210,这些结果表明,在盐胁迫下耐盐品系 T510 体内的质膜氧化程度显著低于盐敏感品系 S210。为进一步确定两个品系抗氧化酶系统是否参与调节耐盐性,对两个品系进行了 SOD 及 APX 活性分析,结果如图 2 - 3 - 3(c)和(d)所示,盐胁迫下两个甜菜品系体内 SOD 及 APX 活性均显著提高,然而与盐敏感品系 S210 相比,耐盐品系 T510 体内的抗氧化酶活性更高,表明甜菜体内抗氧化酶系统参与调节耐盐性。

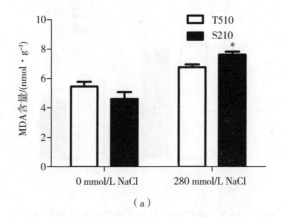

（a）

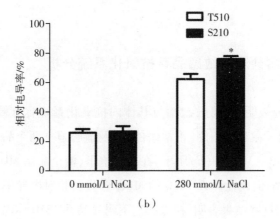

（b）

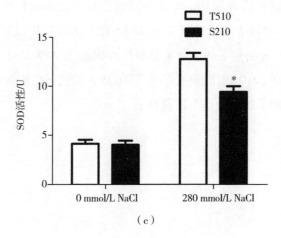

（c）

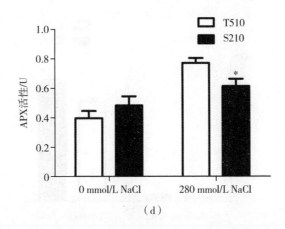

（d）

图 2 - 3 - 3　甜菜耐盐及盐敏感品系盐胁迫下抗氧化系统分析

3.1.4　甜菜耐盐及盐敏感品系盐离子含量分析

为确定盐胁迫下甜菜耐盐及盐敏感品系盐离子的变化情况,本书分析了甜菜耐盐品系 T510 及盐敏感品系 S210 体内的 Na^+、Cl^- 及 K^+ 含量。结果表明,在盐胁迫下两个品系体内 Na^+ 和 Cl^- 含量均显著增加,但是耐盐品系 T510 体内盐离子含量显著低于盐敏感品系 S210,表明耐盐品系 T510 具有较强的抑制盐离子吸收的能力,见图 2 - 3 - 4(a)、(b)。两个甜菜品系体内 K^+ 含量如图 2 - 3 - 4(c)所示,在对照条件及盐胁迫下,耐盐品系 T510 体内均具有较高的 K^+ 含量,这表明,甜菜耐盐品系 T510 具有较强的 K^+ 吸收能力,可能进一步参与体内离子平衡及耐盐性调节。

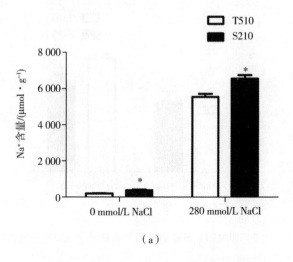

（a）

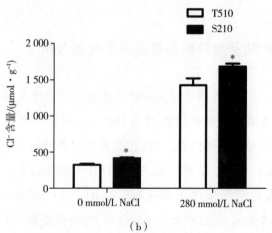

（b）

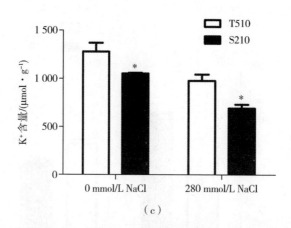

图 2 - 3 - 4　甜菜耐盐及盐敏感品系盐离子含量分析

3.1.5　甜菜耐盐及盐敏感品系氮和磷含量分析

　　盐胁迫下两个品系的氮含量显著降低,但是耐盐品系 T510 的氮含量显著高于盐敏感品系 S210,这表明耐盐品系 T510 具有较高的养分吸收效率,进一步提高了植株的耐盐性,保持植株体内的离子平衡。盐胁迫下两个品系的磷含量均显著增加,但是同耐盐品系 T510 相比,盐敏感品系 S210 的磷含量更高。推测盐敏感品系 S210 较高的磷含量,可能导致植株的早衰以及耐盐性减弱。试验结果可见图 2 - 3 - 5。

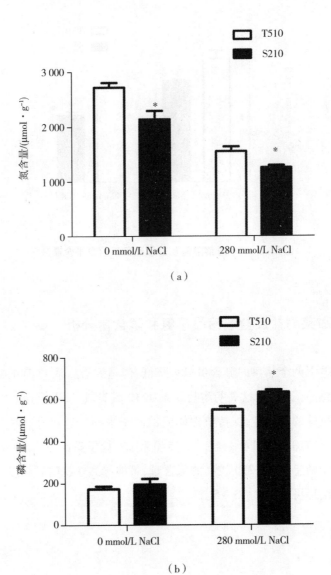

（a）

（b）

图 2 − 3 − 5　甜菜耐盐及盐敏感品系氮和磷含量分析

3.2　甜菜耐盐及盐敏感品系响应蛋白分析

3.2.1　根及叶蛋白质的提取

为进一步研究盐胁迫下两个品系响应蛋白的差异性及一致性,首先提取了在对照条件及盐胁迫下两个品系的根和叶的蛋白质。完成蛋白质提取后对提取的蛋白质进行定量及 SDS – PAGE 分析。在利用 Bradford 法测定蛋白质浓度之前,先进行标准曲线的制作,标准曲线如图 2 – 3 – 6 所示。

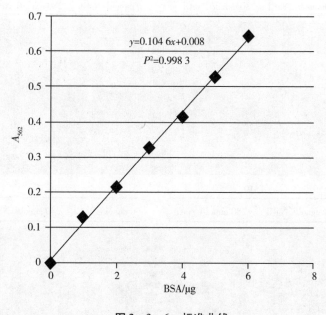

图 2 – 3 – 6　标准曲线

根据标准曲线,测定提取蛋白质的浓度,结果表明,0 mmol/L NaCl 处理下耐盐品系 T510 叶蛋白质浓度分别为 3.21 μg/μL、1.04 μg/μL、2.03 μg/μL,根蛋白质浓度分别为 0.41 μg/μL、0.49 μg/μL、0.46 μg/μL。280 mmol/L NaCl 处理下耐盐品系 T510 叶蛋白质浓度分别为 3.88 μg/μL、4.22 μg/μL、

2.82 μg/μL,根蛋白质浓度分别为 2.09 μg/μL、1.23 μg/μL、0.74 μg/μL。0 mmol/L NaCl 处理下盐敏感品系 S210 叶蛋白质浓度分别为 5.47 μg/μL、6.78 μg/μL、3.89 μg/μL,根蛋白质浓度分别为 0.38 μg/μL、0.37 μg/μL、0.57 μg/μL。280 mmol/L NaCl 处理下盐敏感品系 S210 叶蛋白质浓度分别为 4.69 μg/μL、1.70 μg/μL、2.96 μg/μL,根蛋白质浓度分别为 0.76 μg/μL、1.69 μg/μL、1.22 μg/μL。

测定蛋白质浓度后,利用 SDS - PAGE 进行分析,结果如图 2 - 3 - 7 所示,提取的两个品系的根和叶蛋白质均一性较好,可以进行 iTRAQ 标记及质谱分析。

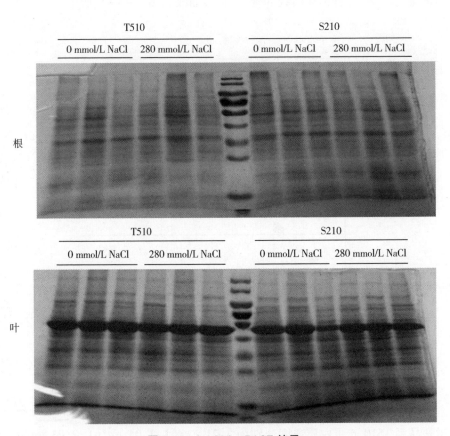

图 2 - 3 - 7　SDS - PAGE 结果

3.2.2　甜菜耐盐和盐敏感品系蛋白质鉴定

　　为深入研究甜菜耐盐品系 T510 及盐敏感品系 S210 根和叶响应盐胁迫的差异表达蛋白,我们利用 iTRAQ 技术对两个品系盐胁迫响应蛋白进行蛋白质组学分析。本书主要进行 4 组差异表达蛋白分析:(1)280 mmol/L NaCl 处理 T510 叶和 0 mmol/L NaCl 处理 T510 叶(280 – T510 – L/0 – T510 – L);(2)280 mmol/L NaCl 处理 T510 根和 0 mmol/L NaCl 处理 T510 根(280 – T510 – R/0 – T510 – R);(3)280 mmol/L NaCl 处理 S210 叶和 0 mmol/L NaCl 处理 S210 叶(280 – S210 – L/0 – S210 – L);(4)280 mmol/L NaCl 处理 S210 根和 0 mmol/L NaCl 处理 S210 根(280 – S210 – R/0 – S210 – R)。如表 2 – 3 – 1所示,4 组样品鉴定得到的蛋白质数量较多,符合试验要求,表明 iTRAQ 鉴定成功,可以进行下一步的定量分析。

表 2 – 3 – 1　蛋白质鉴定情况

样品组	总谱数量	鉴定谱数量	肽段数量	蛋白质数量
280 – T510 – L/0 – T510 – L	302 155	26 296	14 129	2 566
280 – T510 – R/0 – T510 – R	358 580	35 035	22 087	3 836
280 – S210 – L/0 – S210 – L	290 828	16 563	10 025	2 114
280 – S210 – R/0 – S210 – R	347 013	32 964	19 799	3 729

　　本书还对 4 组样品鉴定得到的蛋白质的肽段分布情况进行了分析,如图 2 – 3 –8所示,横坐标为覆盖蛋白质的肽段数量范围,纵坐标为蛋白质数量,研究表明,4 组样品鉴定得到的蛋白质的肽段分布较为合理,绝大多数肽段数量为 1～30 个,且蛋白质数量随着匹配肽段数量的增加而减少。

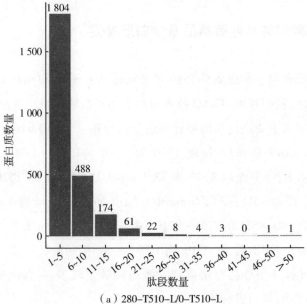

（a）280-T510-L/0-T510-L

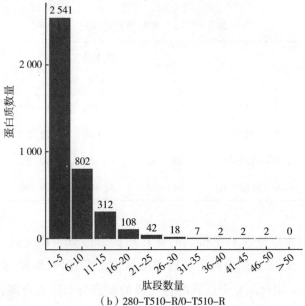

（b）280-T510-R/0-T510-R

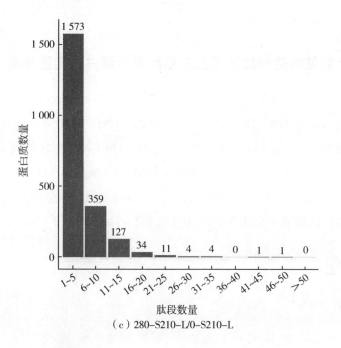

（c）280-S210-L/0-S210-L

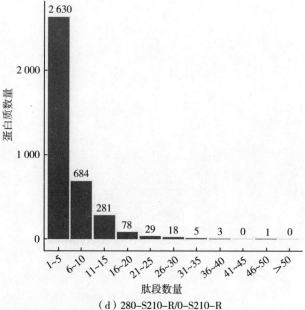

（d）280-S210-R/0-S210-R

图 2-3-8　肽段分布情况

3.2.3 甜菜耐盐和盐敏感品系差异表达蛋白的定量分析

经过 iTRAQ 分析,样品组 1(280 – T510 – L/0 – T510 – L)鉴定得到差异表达蛋白 47 个,样品组 2(280 – T510 – R/0 – T510 – R)鉴定得到差异表达蛋白 71 个,样品组 3(280 – S210 – L/0 – S210 – L)鉴定得到差异表达蛋白 54 个,样品组 4(280 – S210 – R/0 – S210 – R)得到差异表达蛋白 52 个。这些差异表达蛋白的倍数变化及显著性分析见表 2 – 3 – 2 至表 2 – 3 – 5。

表 2-3-2 甜菜耐盐品系 T510 叶差异表达蛋白

序号	名称	编号	分子质量/ku	等电点	序列覆盖/%	分值	专一肽段	倍数变化	P 值
新陈代谢									
1	脯氨酰-4-羟化酶 6	A0A0J8FMV1	35.31	7.23	6.98	4.65	2	1.30	0.004
2	蛋白质丝氨酸/苏氨酸磷酸酶 6 调节亚基 3	A0A0J8BKW8	93.50	4.59	16.29	23.09	8	1.31	0.040
3	糖苷水解酶家族 10	A0A0J8BI66	123.83	6.54	3.33	4.24	2	1.31	0.038
4	probable-β-D-xylosidase 5	A0A0J8BQN3	87.30	8.66	11.01	22.31	5	1.34	0.017
5	半胱氨酸蛋白酶 XCP2	A0A0J8BNR8	38.98	5.80	15.76	29.95	5	1.35	0.006
6	过氧化物酶体膜蛋白 11C	A0A0J8BGT6	25.72	9.77	17.64	8.92	2	1.38	0.046
7	脉络膜酸合酶	A0A0J8D2L6	111.04	6.15	4.02	2.74	3	1.41	0.015
8	蛋白磷酸酶 2c62 亚型 X1	A0A0J8B454	105.39	4.06	3.72	7.03	2	1.54	0.037
9	V 型质子 ATP 酶亚基	A0A0J8BEX4	12.23	5.58	74.45	36.43	9	1.77	0.002
10	叶绿体多酚氧化酶	A0A0J8BT15	67.57	7.99	14.19	100.82	4	1.82	0.018
11	半胱氨酸蛋白酶抑制剂	A0A0J8EMH9	12.75	9.20	49.12	29.45	10	2.02	0.018

续表

序号	名称	编号	分子质量/ku	等电点	序列覆盖/%	分值	专一肽段	倍数变化	P值
逆境与防御									
12	硫氧还蛋白-1异构体X1	A0A0J8BDD0	20.07	8.59	32.26	64.32	8	1.37	0.044
13	样蛋白1b	A0A0J8BJP1	33.73	4.64	8.79	16.93	2	1.38	0.029
14	胚胎发育晚期丰富蛋白47	A0A0J8C8Z8	14.84	4.63	61.11	37.33	4	1.59	0.012
15	胚胎发育晚期丰富蛋白 LEA14-A	A0A0J8D7Q4	17.45	4.86	42.86	19.31	5	1.68	0.013
16	热休克70 ku蛋白6,叶绿体	A0A0J8D2Y9	47.26	5.45	17.09	38.82	2	1.91	0.020
光合作用									
17	类囊体腔蛋白TL20.3,叶绿体	A0A0J8CKE1	28.13	8.53	48.11	91.61	9	1.35	0.044
18	外膜蛋白80,叶绿体亚型X1	A0A0J8FF47	74.52	7.27	6.90	6.90	2	1.39	0.010
19	类囊体腔18.3 ku蛋白	A0A0J8C3W9	13.12	5.07	35.86	9.87	2	1.83	0.046
转录									
20	高压转录因子	A0A0J8D874	31.45	6.54	17.20	9.31	2	1.33	0.046

续表

序号	名称	编号	分子质量/ku	等电点	序列覆盖/%	分值	专一肽段	倍数变化	P值
21	染色质重塑复合亚基 SNF5 样	A0A0J8CXJ1	46.07	5.31	14.28	14.35	2	1.34	0.000 3
22	转录因子 Puroα1	A0A0J8CQK5	31.37	5.57	28.11	23.75	8	1.41	0.017
23	含蛋白质 C23A1.17 的 SH3 结构域	A0A0J8BGP0	54.99	10.95	39.20	72.51	16	1.61	0.015
24	含蛋白质的锌指结构域-日睡眠亚型 X2	A0A0J8BSB4	117.45	5.41	2.33	5.54	2	1.62	0.011
25	组蛋白 H1	A0A0J8C9N4	12.75	9.20	20.00	11.35	7	2.26	0.027
蛋白质折叠与降解									
26	泛素结合酶 E2 27	A0A0J8CAU9	21.18	4.88	25.10	10.65	2	0.64	0.038
27	多泛素 9	A0A0J8BFX3	11.99	4.91	46.15	18.87	4	1.32	0.048
28	SKP1 样蛋白 1B	A0A0J8C6Z1	18.12	4.70	31.01	25.98	4	1.50	0.026
29	多泛素样	A0A0J8D7Y7	42.67	7.08	77.23	339.17	4	1.96	0.020
信号									
30	枯草杆菌素样丝氨酸蛋白酶	A0A0J8EGU0	83.11	8.56	5.48	9.36	2	1.38	0.009
31	可能类固醇结合蛋白 3	A0A0J8CT65	10.86	6.74	67.68	44.29	6	1.44	0.032

续表

序号	名称	编号	分子质量/ku	等电点	序列覆盖%	分值	专一肽段	倍数变化	P值
32	蛋白质丝氨酸/苏氨酸磷酸酶6调节亚基3	A0A0J8BV83	86.50	4.48	19.72	14.94	5	1.49	0.033
33	受体样蛋白激酶HERK1	A0A0J8EQP9	91.64	5.82	3.21	5.43	2	1.58	0.019
34	生长素结合蛋白ABP19A样	A0A0J8CT76	26.91	4.31	16.27	40.76	2	1.84	0.009
35	蛋白同源物1样	A0A0J8D3V7	13.77	8.79	13.30	10.36	2	2.36	0.007
转移									
36	非特异性脂质转移蛋白GPI锚定2	A0A0J8BU12	18.98	5.48	6.42	13.50	3	1.72	0.019
37	脂质转移蛋白	A0A0J8BCS5	11.84	8.69	19.09	8.45	2	1.81	0.040
38	非特异性脂质转移蛋白	A0A0J8BJX5	12.03	8.32	10.93	8.44	2	2.27	0.023
其他									
39	含C2结构域的蛋白质At1g53590	A0A0J8BA84	80.55	6.33	9.07	8.20	2	1.35	0.039
40	核孔复合蛋白NUP1	A0A0J8BSG2	78.67	9.26	3.54	2.56	2	1.46	0.047
41	早期结节样蛋白2	A0A0J8CHF1	45.74	7.15	9.35	22.96	4	1.56	0.027

续表

序号	编号	名称	分子质量/ku	等电点	序列覆盖/%	分值	专一肽段	倍数变化	P值
42	A0A0J8FFN4	铜蓝蛋白	27.69	4.60	6.98	7.56	2	1.66	0.023
43	A0A0J8D5G7	富含甘氨酸的细胞壁结构蛋白1.8	32.33	6.06	58.69	72.07	13	1.80	0.042
44	A0A0J8F906	磷脂酰乙醇胺结合蛋白（PEBP）家族蛋白	19.13	5.05	51.74	95.50	10	1.86	0.008
45	A0A0J8CSJ7	富含甘氨酸的细胞壁结构蛋白	32.11	10.52	48.40	45.73	7	1.87	0.013
未知									
46	A0A0J8BJH3	非特征蛋白质	135.36	5.47	20.77	58.49	17	1.40	0.023
47	A0A0J8BWR8	非特征蛋白质	56.88	5.21	9.23	5.24	2	1.97	0.005

表2-3-3　甜菜耐盐品系T510根差异表达蛋白

序号	编号	名称	分子质量/ku	等电点	序列覆盖/%	分值	专一肽段	倍数变化	P值
新陈代谢									
1	A0A0J8B747	α/β水解酶超家族蛋白	36.04	7.09	5.43	7.94	2	0.63	0.001
2	A0A0J8EH61	木葡聚糖内糖基转移酶/水解酶	33.04	9.17	26.21	23.99	5	0.63	0.010

续表

序号	名称	编号	分子质量/ku	等电点	序列覆盖/%	分值	专一肽段	倍数变化	P值
3	木葡聚糖内糖基转移酶/水解酶	A0A0J8B630	34.75	5.43	18.67	14.83	5	0.66	0.015
4	ATP合酶亚基,线粒体	A0A0J8CI46	7.807	9.25	27.14	4.17	2	0.65	0.007
5	葡聚糖内-1,3-β-葡萄糖苷酶样	A0A0J8FFF8	67.50	5.95	36.83	71.40	2	0.65	0.006
6	半胱氨酸合成酶	A0A0J8D7W0	39.68	7.43	46.74	32.66	12	0.67	0.009
7	糖基水解酶家族蛋白亚型1	A0A0J8C819	71.66	6.38	5.74	7.54	2	0.67	0.014
8	紫色酸性磷酸酶	A0A0J8EUF0	49.61	7.06	5.04	8.93	2	1.31	0.004
9	细胞色素C氧化酶亚单位6a线粒体	A0A0J8C9W8	11.68	8.19	22.62	7.49	2	1.32	0.050
10	醛酮还原酶2	A0A0J8CN69	38.00	6.11	47.11	57.89	13	1.33	0.014
11	氧戊二酸依赖的双加氧酶 At3g49630	A0A0J8C836	38.91	6.54	16.09	28.89	5	1.33	0.033
12	铜氧还蛋白	A0A0J8BN83	20.33	7.06	22.96	88.23	2	1.33	0.042
13	焦磷酸盐激发膜质子泵3	A0A0J8E1Y7	84.84	5.50	2.63	7.50	2	1.34	0.030

续表

序号	名称	编号	分子质量/ku	等电点	序列覆盖/%	分值	专一肽段	倍数变化	P 值
14	甘油 – 3 – 磷酸磷酸酶亚型 X1	A0A0J8CUC1	36.37	5.68	15.63	8.76	2	1.42	0.004
15	甘氨酰肽 – N – 十四烷基转移酶	A0A0J8FLE4	49.58	6.33	25.46	28.30	9	1.42	0.043
16	果糖二磷酸醛缩酶	A0A0J8CPN6	43.36	7.36	41.06	42.32	8	1.44	0.032
17	蛋白酶 do14 亚型 X2	A0A0J8CI41	45.05	8.32	5.59	7.99	2	1.46	0.031
18	腺苷同型半胱氨酸酶	A0A0J8CM32	53.43	6.19	30.18	67.79	17	1.47	0.029
19	二磷多糖蛋白质糖基转移酶亚基 1	A0A0J8CUT8	53.72	8.00	5.53	7.29	2	1.63	0.045
20	聚半乳糖醛酸酶抑制剂	A0A0J8FHI9	37.54	8.65	37.91	30.52	11	1.71	0.049
21	谷氨酰胺合成酶	A0A0J8FCL3	56.48	8.19	5.39	9.40	2	2.71	0.046
逆境与防御									
22	L – 抗坏血酸氧化酶同系物	A0A0J8CBM0	61.21	9.01	19.93	37.00	7	0.53	0.004
23	L – 抗坏血酸氧化酶同系物	A0A0J8CB06	60.74	7.21	29.05	52.85	10	0.60	0.012
24	过氧化物酶	A0A0J8BZT4	34.91	8.47	40.80	56.76	10	0.55	0.023

续表

序号	名称	编号	分子质量/ku	等电点	序列覆盖/%	分值	专一肽段	倍数变化	P 值
25	内分泌酸	A0A0J8CVL8	33.72	8.98	11.55	11.28	2	0.60	0.040
26	儿丁质酶样蛋白 1	A0A0J8CG05	35.62	6.83	11.18	7.77	2	0.61	0.033
27	导体蛋白 10	A0A0J8EQN6	35.75	5.11	6.57	7.61	2	0.64	0.012
28	可能的 L－抗坏血酸过氧化物酶 6,叶绿体异构体 X2	A0A0J8D0P4	40.40	8.03	27.76	17.04	7	1.30	0.015
29	聚半乳糖醛酸酶抑制剂	A0A0J8CPB7	37.53	8.76	23.21	17.16	6	1.31	0.041
30	过氧化物酶	A0A0J8CK75	34.28	5.62	9.35	4.98	2	1.35	0.024
31	过氧化物酶	A0A0J8FT54	34.91	8.87	36.84	69.02	12	1.76	0.026
32	普遍应激蛋白 PHOS32	A0A0J8CRN2	18.17	7.11	46.34	29.83	7	1.49	0.027
蛋白质合成									
33	60S 酸性核糖体蛋白 P2A	A0A0J8EUG9	11.31	4.55	46.85	78.54	6	0.64	0.005
34	60S 核糖体蛋白 L35a－3	A0A0J8CXF3	12.81	10.17	33.11	9.61	2	0.67	0.040
35	核糖体失活蛋白	A0A0J8BRN0	35.75	5.86	39.49	86.45	20	0.69	0.009

续表

序号	名称	编号	分子质量/ku	等电点	序列覆盖/%	分值	专一肽段	倍数变化	P值
36	SNW/SKI相互作用蛋白	A0A0J8BP53	67.13	8.88	6.00	8.61	2	1.34	0.023
37	蛋白质翻译因子SUI1同源物	A0A0J8BER8	12.60	8.78	19.47	9.57	2	1.41	0.044
38	蛋白质argonaute 1	A0A0J8BUW1	25.61	8.95	6.06	9.76	2	1.57	0.023
光合作用									
39	蛋白质TIC110,叶绿体	A0A0J8BWB3	112.11	5.71	3.64	5.92	3	1.42	0.006
转录									
40	scarecrow-样蛋白34	A0A0J8BUI0	77.32	5.38	7.20	8.16	2	1.35	0.027
41	GRF1相互作用因子2亚型X1	A0A0J8D779	24.27	6.24	19.73	2.60	2	1.36	0.042
42	DNA导向RNA聚合酶II,IV和V亚基3样	A0A0J8BMG1	118.26	5.78	9.87	7.81	4	1.37	0.049
43	小核糖核蛋白相关蛋白B	A0A0J8D1F7	30.47	10.76	7.64	4.54	3	1.38	0.040

续表

序号	名称	编号	分子质量/ku	等电点	序列覆盖/%	分值	专一肽段	倍数变化	P 值
44	tRNA（腺嘌呤34）脱氨酶，叶绿素	A0A0J8C4C7	168.19	7.56	1.66	2.33	2	1.64	0.040
蛋白质折叠与降解									
45	E3 泛素连接酶 RNF25	A0A0J8BRE6	48.92	5.64	4.69	9.49	2	1.36	0.039
46	蛋白二硫异构酶样 2-3	A0A0J8BM84	47.93	5.85	26.71	23.44	11	1.39	0.003
信号									
47	富含半胱氨酸受体样蛋白激酶 39	A0A0J8BJN4	34.68	6.51	5.95	8.67	2	0.43	0.049
48	LRR 受体样丝氨酸/苏氨酸蛋白激酶 FLS2	A0A0J8C7Y5	70.54	8.48	37.73	117.91	20	0.69	0.019
49	GDSL 酯酶/脂肪酶 At2g23540	A0A0J8C915	38.80	7.97	12.61	13.00	4	1.30	0.029
50	合成素-71	A0A0J8BYF9	30.33	5.50	8.21	11.09	2	1.31	0.009
51	可能失活受体激酶 At1g27190	A0A0J8C583	65.90	7.79	5.35	9.85	2	1.56	0.015
52	茉莉酸诱导的蛋白质同源物	A0A0J8B8K6	22.75	6.55	50.72	10.48	7	1.60	0.043

续表

序号	名称	编号	分子质量/ku	等电点	序列覆盖/%	分值	专一肽段	倍数变化	P值
53	cAMP调节的磷蛋白19相关蛋白	A0A0J8D346	11.18	7.33	20.59	5.45	2	1.68	0.033
54	信号识别粒子9 ku蛋白	A0A0J8BFX1	11.98	9.03	22.67	7.27	2	2.73	0.044
转移									
55	腺嘌呤核苷酸转运体BT1,叶绿体/线粒体	A0A0J8FLL1	43.38	8.98	6.97	14.73	2	0.29	0.040
56	翻译因子GUF1同源物,线粒体	A0A0J8BE51	73.46	8.02	5.20	6.06	2	0.65	0.049
57	蛋白NRT1/PTR家族1.2	A0A0J8BLG2	67.41	8.59	5.98	7.15	2	1.32	0.031
58	PRA1家族蛋白F3	A0A0J8ER71	22.00	9.52	17.15	8.13	2	1.40	0.006
59	二羧酸盐/三羧酸盐转运蛋白DTC,线粒体	A0A0J8FEQ5	32.02	9.47	14.38	28.33	2	1.42	0.049
其他									
60	expansin-A4型	A0A0J8CGK7	27.35	9.32	38.74	17.31	6	0.61	0.001
61	层黏连蛋白	A0A0J8FNB4	18.34	9.33	15.53	6.49	2	0.66	0.004
62	膨胀素样A3	A0A0J8EE77	28.66	7.52	20.38	20.23	4	0.67	0.010

续表

序号	名称	编号	分子质量/ku	等电点	序列覆盖/%	分值	专一肽段	倍数变化	P值
63	AT-hook基序核定位蛋白23	A0A0J8F6U6	30.11	6.43	5.41	7.25	2	0.69	0.030
64	胚胎特异性蛋白	A0A0J8BUV5	21.09	7.34	14.05	5.30	2	1.38	0.028
65	信号肽肽酶2	A0A0J8CLI1	28.24	9.26	12.25	7.97	2	1.47	0.033
66	casparian条带膜蛋白（CASP）家族	A0A0J8CAE8	35.35	8.75	7.02	9.35	2	1.51	0.042
67	肌动蛋白解聚因子4	A0A0J8D098	15.93	5.44	13.67	5.40	2	2.03	0.014
未知									
68	非特征蛋白质	A0A0J8B7S7	36.57	5.50	6.29	4.55	2	0.53	0.018
69	非特征蛋白质	A0A0J8C7I3	18.41	4.68	43.90	58.51	4	0.62	0.042
70	非特征蛋白质	A0A0J8C885	17.72	4.94	32.05	44.48	5	0.64	0.023
71	非特征蛋白质	A0A0J8BNN1	13.91	7.12	32.81	11.51	4	0.68	0.023

表2-3-4　甜菜盐敏感品系S210叶差异表达蛋白

序号	名称	编号	分子质量/ku	等电点	序列覆盖/%	分值	专一肽段	倍数变化	P值
新陈代谢									
1	甲基转移酶26	A0A0J8D1I2	87.90	5.35	9.90	11.60	2	0.56	0.030
2	胁迫-成熟诱导蛋白	A0A0J8D8Q9	12.44	7.24	40.00	11.42	3	0.67	0.030

续表

序号	名称	编号	分子质量/ku	等电点	序列覆盖%	分值	专一肽段	倍数变化	P值
3	氨甲酰磷酸合酶大链, 叶绿体	A0A0J8EAX1	130.11	5.53	4.84	9.04	2	0.58	0.030
4	紫色酸性磷酸酶	A0A0J8B5H2	19.01	6.33	3.40	4.86	2	1.69	0.010
5	4-羟基四氢二吡啶酸还原酶2	A0A0J8B8Q3	36.84	6.61	13.90	12.12	4	1.58	0.001
6	细胞色素C	A0A0J8BJ03	12.10	9.32	30.35	24.12	3	1.44	0.040
7	酸性磷酸酶1	A0A0J8BL25	30.36	8.94	7.38	5.62	2	1.62	0.027
8	己糖激酶	A0A0J8BT88	53.78	5.90	8.43	9.38	3	1.34	0.043
9	蛋白磷酸酶2C	A0A0J8CA29	48.42	7.40	7.73	6.33	2	1.37	0.020
10	醛缩酶	A0A0J8CDX8	37.31	6.52	17.10	10.33	3	1.31	0.040
11	腺苷同型半胱氨酸酶	A0A0J8CM32	53.42	6.19	32.44	41.82	11	1.43	0.047
逆境与防御									
12	类似于TPR的超家族蛋白	A0A0J8BU18	197.03	5.71	13.07	70.19	18	0.67	0.040
13	硫氧还蛋白9	A0A0J8BM14	24.30	5.54	10.13	5.82	2	1.33	0.029
14	14-3-3蛋白2亚型X2	A0A0J8C465	29.24	4.75	18.14	11.79	2	1.77	0.040
15	重金属相关的异戊二烯植物蛋白	A0A0J8CJS6	53.04	9.32	9.90	10.28	2	1.60	0.110

续表

序号	名称	编号	分子质量/ku	等电点	序列覆盖/%	分值	专一肽段	倍数变化	P值
16	小热休克蛋白	A0A0J8CPW5	20.08	8.16	62.16	56.13	7	1.31	0.021
17	热休克70 ku蛋白6,叶绿体	A0A0J8D2Y9	47.26	5.45	17.09	28.98	2	1.35	0.010
18	B12D-样蛋白质	A0A0J8D2L5	10.00	8.97	19.11	10.23	2	1.35	0.046
19	单脱氢抗坏血酸还原酶5,线粒体	A0A0J8F7Z1	53.66	7.59	9.64	9.08	2	1.53	0.030
20	DNA损伤修复/耐受蛋白DRT102	A0A0J8FCQ4	25.76	5.27	15.76	8.93	2	1.36	0.041
蛋白质合成									
21	40S核糖体蛋白	A0A0J8BI12	15.10	5.95	23.20	23.60	3	0.59	0.029
22	40S核糖体蛋白S20-2	A0A0J8B5L7	13.58	9.58	19.90	24.10	2	1.71	0.040
23	60S核糖体蛋白L28-1	A0A0J8BNV1	16.75	10.58	16.77	16.77	3	1.48	0.018
24	60S酸性核糖体蛋白P2A	A0A0J8EUG9	11.31	4.55	46.84	30.75	4	1.37	0.020
25	50S核糖体蛋白5,叶绿体	A0A0J8CMB5	15.36	11.47	10.76	7.61	2	1.49	0.049
26	真核生物翻译起始因子3亚基	A0A0J8B783	66.59	5.49	8.35	12.10	2	0.51	0.026

续表

序号	名称	编号	分子质量/ku	等电点	序列覆盖/%	分值	专一肽段	倍数变化	P值
27	真核生物翻译起始因子4B3	A0A0J8BN48	44.99	5.71	33.41	42.47	11	0.68	0.044
28	核糖体失活蛋白	A0A0J8BRJ6	15.10	4.86	28.75	391.91	2	0.29	0.009
29	核糖体失活蛋白	A0A0J8CDM0	15.02	4.68	90.50	307.86	3	0.62	0.039
30	聚腺苷结合蛋白	A0A0J8BIC9	72.65	7.11	35.68	90.85	20	1.42	0.035
光合作用									
31	4-羟基-3-甲基-2-烯基二磷酸合酶(IsPG)	A0A0J8BQ23	82.56	6.14	7.02	9.09	5	0.61	0.027
32	可能的GTP二磷酸激酶CRSH,叶绿体	A0A0J8E607	65.01	6.55	4.21	7.25	2	2.01	0.040
转录									
33	RNA聚合酶ⅡC端结构域磷酸化样蛋白1	A0A0J8BRZ7	112.46	6.46	2.05	2.25	2	0.69	0.048
34	含锌指结构域蛋白	A0A0J8BLJ1	53.81	6.05	40.74	48.58	10	1.31	0.027
35	转录因子bHLH81	A0A0J8D703	29.50	7.09	15.79	12.52	2	1.41	0.050

续表

序号	名称	编号	分子质量/ku	等电点	序列覆盖/%	分值	专一肽段	倍数变化	P值
蛋白质折叠与降解									
36	胰蛋白酶抑制剂Ⅲ	A0A0J8CA79	11.32	7.64	17.14	5.26	2	1.73	0.001
37	小泛素相关修饰剂	A0A0J8CI60	10.88	5.10	40.62	17.70	4	1.34	0.005
38	小泛素相关修饰剂	A0A0J8ERD6	11.51	4.94	19.71	15.42	2	1.34	0.017
39	泛素结合酶 E2 22	A0A0J8CMD1	29.50	8.97	22.82	2.85	2	1.61	0.005
信号									
40	60 ku 茉莉花诱导蛋白	A0A0J8B3E1	15.10	4.68	71.70	190.85	7	0.49	0.005
转移									
41	磷脂酰肌醇转运蛋白	A0A0J8CHM3	16.84	5.39	18.33	4.56	2	0.69	0.040
42	SPX-MFS(主要设施超家族)系列	A0A0J8CJB9	79.20	6.20	11.90	23.08	2	0.64	0.020
43	非特异性脂质转运蛋白	A0A0J8C2Q8	11.49	8.00	28.44	171.30	11	1.80	0.001
44	H^+ ATP 酶	A0A0J8CEG9	105.47	6.52	5.92	18.51	2	1.44	0.030
其他									
45	原皮因子 1	A0A0J8B1Y3	34.90	9.42	7.64	12.50	2	1.38	0.040
46	含有蛋白质 C23A1.17 的 Src 同源 3 (SH3) 结构域	A0A0J8BGP0	54.90	10.95	40.50	82.40	17	1.31	0.030
47	ACD11 的约束伙伴	A0A0J8CSD9	28.14	6.15	23.48	16.64	4	1.46	0.029

续表

序号	名称	编号	分子质量/ku	等电点	序列覆盖/%	分值	专一肽段	倍数变化	P 值
48	early nodulin - like protein	A0A0J8D5T8	25.89	7.42	9.96	10.14	2	1.57	0.002
49	细胞壁糖蛋白诺样亚型 X1	A0A0J8DXL5	47.29	6.58	11.21	12.15	3	1.44	0.049
50	ATP 依赖的 DEAD - box RNA 螺旋酶	A0A0J8E6F9	67.38	7.93	9.40	24.98	2	1.51	0.030
51	(Sep15)(15 ku 硒蛋白)	A0A0J8FHW5	17.94	4.92	12.33	12.05	2	1.32	0.040
52	核孔复合体蛋白 NUP98A	A0A0J8FJ79	103.38	8.56	10.07	15.59	3	1.37	0.036
未知									
53	非特征蛋白质	A0A0J8C2M0	15.98	9.38	20.83	8.95	3	1.33	0.005
54	非特征蛋白质	A0A0J8FF16	58.09	5.99	15.70	13.76	5	1.31	0.025

表 2 - 3 - 5　甜菜盐敏感品系 S210 根差异表达蛋白

序号	名称	编号	分子质量/ku	等电点	序列覆盖/%	分值	专一肽段	倍数变化	P 值
光合作用									
1	2 - 羟基异黄酮脱水酶	A0A0J8BRL7	34.29	5.63	10.58	7.97	3	0.46	0.006
2	酯酶/脂肪酶 7	A0A0J8COI2	40.77	5.64	8.97	11.96	3	0.57	0.040
3	苹果酸脱氢酶	A0A0J8BJ08	41.16	6.06	7.71	24.79	3	0.62	0.036
4	葡聚糖内 - 1,3 - β - 葡萄糖苷酶亚型 X2	A0A0J8CRC0	34.22	8.00	52.68	71.19	4	0.63	0.033

续表

序号	名称	编号	分子质量/ku	等电点	序列覆盖/%	分值	专一肽段	倍数变化	P 值
5	蔗糖合酶	A0A0J8ESB8	93.68	6.37	5.35	14.98	3	0.65	0.02
6	肉桂酰辅酶A还原酶1	A0A0J8CRC1	36.52	6.54	13.23	19.22	2	0.66	0.047
7	膨胀素样A3	A0A0J8BP13	28.57	8.16	31.42	15.36	6	0.68	0.028
8	硫基噻唑酮糖合酶	A0A0J8CW47	53.56	8.21	18.88	26.02	7	1.34	0.027
9	精氨酸酶1,线粒体	A0A0J8EAJ7	37.12	6.30	28.99	26.06	5	1.34	0.042
10	柠檬酸合酶	A0A0J8BI86	71.01	9.14	8.68	23.02	2	1.35	0.009
11	三磷酸腺苷柠檬酸合成酶α链蛋白1	A0A0J8EVJ0	46.67	5.48	8.75	6.21	2	1.39	0.031
12	鸟苷核苷酸二磷酸解离抑制剂	A0A0J8CPW2	48.62	5.66	48.42	75.63	17	1.35	0.016
13	羧酸酯酶5	A0A0J8CQ53	34.21	5.38	20.45	13.46	5	1.36	0.033
14	X1D-2-羟基脱氢酶,线粒体亚型X1	A0A0J8CBD1	63.50	7.27	4.57	12.51	2	1.37	0.014
15	脉络膜酸合酶	A0A0J8FNJ1	46.83	7.90	16.93	18.05	5	1.40	0.019
16	丙二烯氧化物合酶	A0A0J8BK97	54.97	7.09	5.10	8.00	2	1.42	0.034
17	丙酮酸脱氢酶E1组分α亚单位	A0A0J8C156	43.83	8.18	31.65	30.71	10	1.43	0.001
18	ATP合酶亚单位	A0A0J8FKE6	62.60	7.03	13.04	30.99	5	1.55	0.008

续表

序号	名称	编号	分子质量/ku	等电点	序列覆盖/%	分值	专一肽段	倍数变化	P值
逆境与防御									
19	引导蛋白1样	A0A0J8BEV5	20.47	8.07	58.60	36.64	7	0.52	0.019
20	导体蛋白23	A0A0J8EEN5	20.83	8.97	19.79	8.65	2	0.68	0.039
21	L-抗坏血酸氧化酶同系物	A0A0J8CBM0	61.21	9.01	29.15	57.95	12	0.65	0.037
22	jacalin相关凝集素3样	A0A0J8D8K3	58.62	8.92	6.50	38.83	2	0.66	0.026
23	芽蛋白样蛋白2-1	A0A0J8D8V3	26.73	5.20	26.77	18.56	2	1.34	0.018
24	类甜蛋白	A0A0J8CPA1	26.37	8.34	10.44	5.78	2	1.35	0.048
25	硫氧还蛋白M3,叶绿素	A0A0J8BK72	19.63	8.18	15.91	10.98	3	1.37	0.029
蛋白质合成									
26	60S核糖体蛋白L31	A0A0J8CQ15	13.88	8.80	9.67	8.99	2	1.38	0.019
27	40S核糖体蛋白S26	A0A0J8FLJ9	14.38	10.76	10.03	9.59	2	1.82	0.004
光合作用									
28	铁氧还蛋白	A0A0J8BZV9	16.11	5.10	30.19	15.23	2	0.52	0.007
29	铁氧还蛋白 亚硝酸盐还原酶	A0A0J8CM16	67.21	7.03	25.29	44.58	13	1.30	0.047
转录									
30	RNA结合蛋白CP29B	A0A0J8BYC6	29.98	5.17	30.47	31.31	6	0.67	0.007

续表

序号	名称	编号	分子质量/ku	等电点	序列覆盖/%	分值	专一肽段	倍数变化	P值
31	bZIP家族转录因子家族蛋白	A0A0J8ECU4	42.44	8.57	11.84	12.75	2	0.68	0.014
32	包含蛋白1亚型X2的UBX结构域	A0A0J8CE48	25.93	6.96	19.21	9.73	2	1.43	0.029
33	组蛋白H2A	A0A0J8BZC2	25.50	10.58	25.49	9.06	2	1.45	0.033
蛋白质折叠与降解									
34	小热休克蛋白,类叶绿体	A0A0J8E1T2	19.59	8.02	57.87	75.31	8	1.36	0.020
35	E3泛素蛋白连接酶RNF25	A0A0J8BRE6	48.92	5.64	4.69	9.49	2	1.36	0.039
36	盒蛋白At3g08750	A0A0J8BRV6	40.08	5.33	5.20	9.09	2	1.41	0.003
信号									
37	生长素结合蛋白ABP19A	A0A0J8CM37	23.39	5.80	26.44	143.94	2	0.59	0.002
38	生长素结合蛋白ABP19A	A0A0J8CT70	22.40	5.47	45.67	331.53	3	0.63	0.018
39	生长素结合蛋白ABP19B	A0A0J8B5D5	22.42	7.50	38.46	228.12	6	0.65	0.026
40	LRR受体样丝氨酸/苏氨酸蛋白激酶GSO2	A0A0J8CWA4	134.15	6.14	5.08	9.80	2	1.60	0.005
转移									
41	膜联蛋白	A0A0J8C5G7	35.85	5.48	10.75	14.00	3	1.45	0.023
42	ADP/ATP载体蛋白,线粒体	A0A0J8CI40	42.05	9.69	30.95	76.51	2	1.38	0.018

续表

序号	名称	编号	分子质量/ku	等电点	序列覆盖/%	分值	专一肽段	倍数变化	P值
43	非特异性脂质转移蛋白样蛋白 At5g64080 亚型 X1	A0A0J8BC54	20.66	8.07	5.84	10.16	2	1.55	0.0004
其他									
44	AT-hook 基序核定位蛋白 22	A0A0J8CFB6	32.89	6.71	10.16	9.83	4	0.58	0.008
45	基序核定位蛋白 23	A0A0J8F6U6	30.12	6.43	9.79	12.02	2	0.61	0.016
46	结节蛋白-26 样	A0A0J8C6D3	13.89	5.01	12.12	12.15	2	0.58	0.018
47	富含甘氨酸的细胞壁结构蛋白 2 样	A0A0J8BH85	19.60	9.29	59.02	22.74	4	0.67	0.033
48	糖基磷脂酰肌醇锚定蛋白	A0A0J8BQK5	35.90	7.88	12.97	12.51	2	0.67	0.011
49	蛋白质 GOS9	A0A0J8CL92	17.73	8.82	67.27	71.84	12	1.43	0.016
50	推测的外显子复合成分 mp40	A0A0J8F4A9	26.03	8.53	14.02	8.51	3	1.44	0.040
未知									
51	非特征蛋白质	A0A0J8EJT3	41.22	9.11	35.23	395.10	19	0.64	0.006
52	非特征蛋白质	A0A0J8CHH9	47.19	9.13	34.47	64.11	12	0.69	0.027

3.2.4 甜菜耐盐和盐敏感品系差异表达蛋白的聚类分析

为分析两个品系根和叶差异表达蛋白的变化趋势,我们进行了差异表达蛋白的聚类分析,结果如图 2 – 3 – 9 和图 2 – 3 – 10 所示。结果表明,在盐胁迫下不同品系及不同组织部位的差异表达蛋白的数量及变化趋势均显著不同,证明不同品系及不同组织部位响应盐胁迫的蛋白质变化模式存在显著的差异。

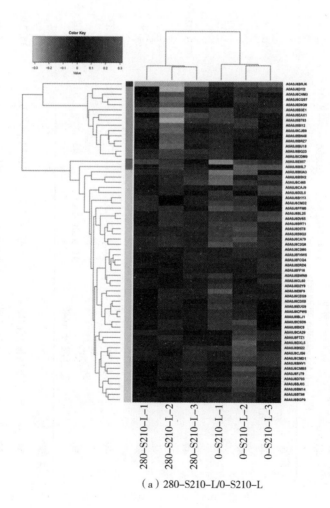

（a）280–S210–L/0–S210–L

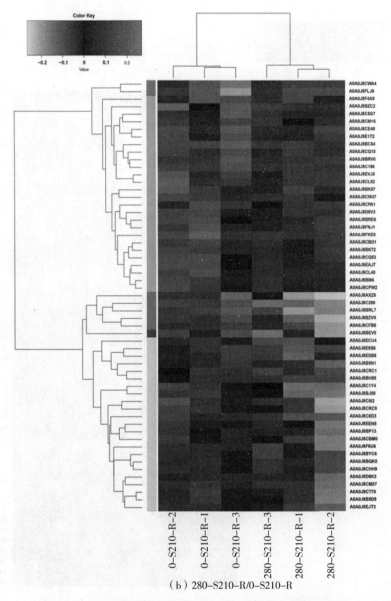

（b）280-S210-R/0-S210-R

图 2-3-9　甜菜盐敏感品系 S210 差异表达蛋白的聚类分析

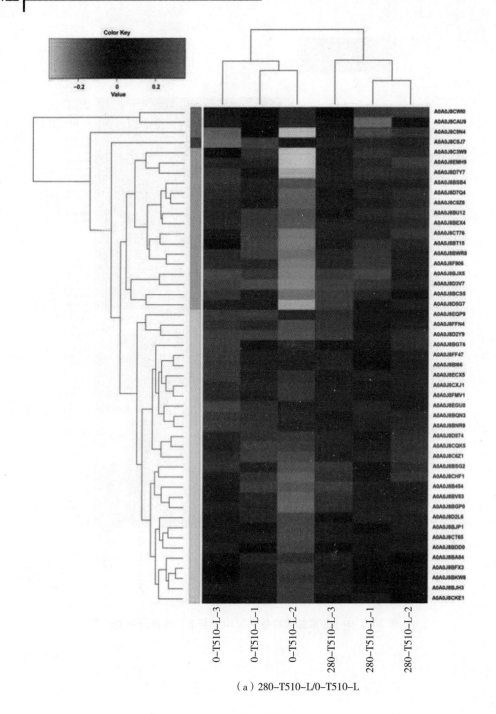

（a）280–T510–L/0–T510–L

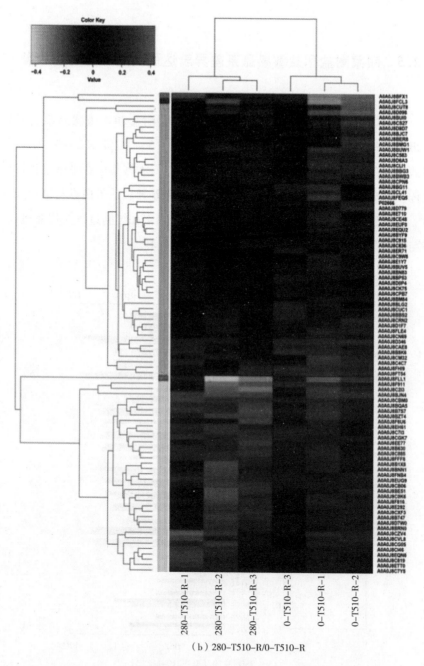

（b）280-T510-R/0-T510-R

图 2-3-10 甜菜耐盐品系 T510 差异表达蛋白的聚类分析

3.2.5　甜菜耐盐和盐敏感品系差异表达蛋白的 GO 功能分类

　　根据生物过程、细胞组分、分子功能将甜菜耐盐和盐敏感品系的差异表达蛋白进行经典的 GO 功能分类,结果如图 2 - 3 - 11 及图 2 - 3 - 12 所示。耐盐品系 T510 的差异表达蛋白在生物过程水平,大多集中在细胞过程及代谢过程。在分子功能水平,耐盐品系 T510 的较多差异表达蛋白参与结合及催化等。盐敏感品系 S210 的差异表达蛋白则大多集中在细胞过程及代谢过程,并参与结合与催化等。

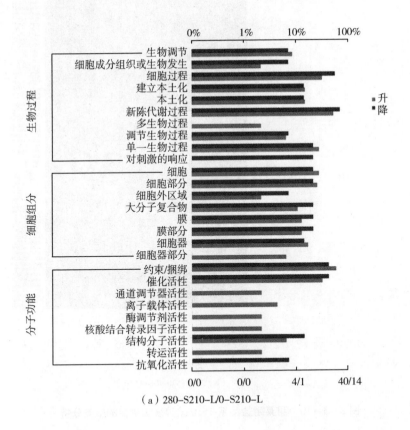

(a) 280-S210-L/0-S210-L

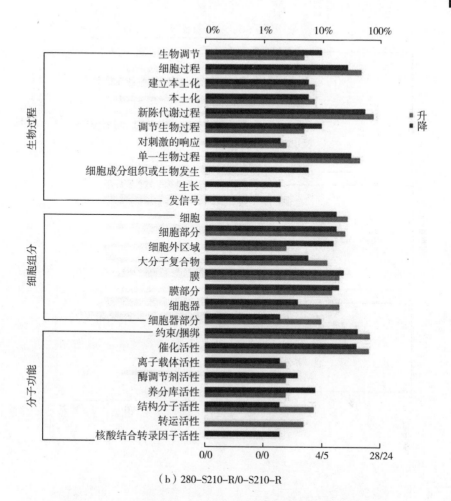

（b）280-S210-R/0-S210-R

图 2-3-11 甜菜耐盐品系 S210 差异表达蛋白的 GO 功能分类

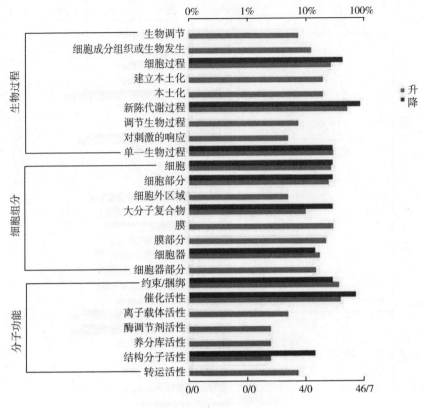

（a）280-T510-L/0-T510-L

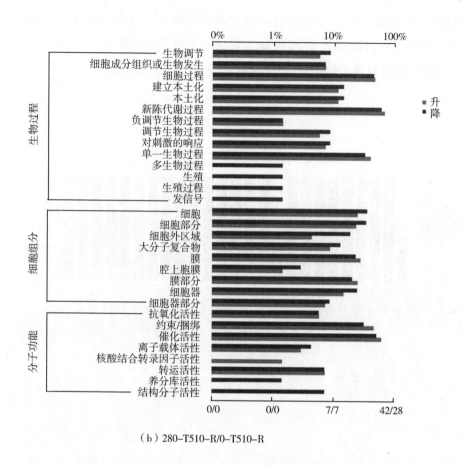

（b）280–T510–R/0–T510–R

图 2 – 3 – 12 甜菜耐盐品系 T510 差异表达蛋白的 GO 功能分类

3.2.6 甜菜耐盐和盐敏感品系差异表达蛋白的 GO 功能富集分析

本书对甜菜耐盐和盐敏感品系差异表达蛋白进行 GO 功能分类后,进行相关差异表达蛋白的 GO 功能富集分析。通过 GO 功能富集分析,可在功能水平阐明不同品系盐胁迫响应蛋白的差异性。精确检验及 P 值校正,当经过校正的 P 值 $\leqslant 0.05$ 时,认为相关的 GO 功能显著富集。结果表明,两个品系盐胁迫响应蛋白 GO 功能富集存在较大差异,如图 2 – 3 – 13 所示,耐盐品系

T510 的差异表达蛋白主要富余在细胞代谢相关酶活性等生物过程、染色质相关等细胞组分;盐敏感品系 S210 的差异表达蛋白主要富集在电子传递、光合作用相关酶活性等生物过程,离子运输、呼吸链等细胞组分。

（a）盐敏感品系S210

（b）耐盐品系T510

图 2 – 3 – 13　差异表达蛋白的 GO 功能富集分析

3.2.7　差异表达蛋白 KEGG 通路富集分析

KEGG 通路富集分析使用 KOBAS 进行 KEGG PATHWAY 富集分析,计算原理同 GO 功能富集分析。为控制假阳性率,采用 BHFDR 方法进行多重检验校正,经过校正的 P 值以 0.05 为阈值,满足此条件的 KEGG 通路定义为在差异表达蛋白中显著富集的通路。结果如图 2 – 3 – 14 所示,耐盐品系 T510 中差异表达蛋白富集在苯丙酸类及氰基氨基酸代谢等合成路径,盐敏感品系 S210 中的差异表达蛋白则主要富集在三羧酸循环等途径。

（a）盐敏感品系S210

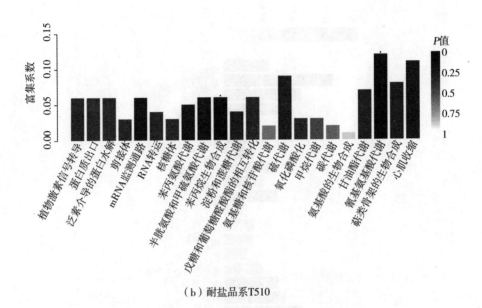

（b）耐盐品系T510

图 2 - 3 - 14　差异表达蛋白的 KEGG 通路富集分析

3.3　差异表达蛋白的 **RT - PCR** 检测

　　为进一步验证 iTRAQ 的结果,本书对部分差异表达蛋白进行 RT - PCR,
大部分差异表达蛋白的变化趋势与 RT - PCR 的变化趋势较为一致的结果。
RT - PCR 结果如图 2 - 3 - 15 所示。

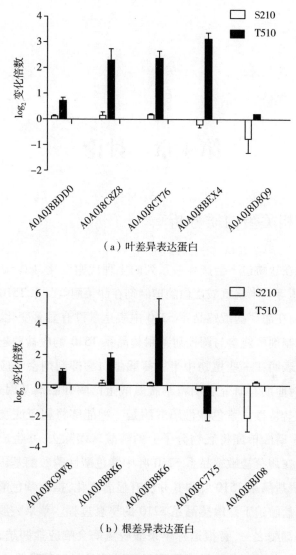

（a）叶差异表达蛋白

（b）根差异表达蛋白

图 2 – 3 – 15　差异表达蛋白的 RT – PCR 结果

第4章　讨论

4.1　代谢相关蛋白质分析

通常植物在盐胁迫下会产生一系列的生理代谢变化,如合成小分子代谢物、调节渗透压等。半胱氨酸蛋白酶抑制剂在甜菜耐盐品系 T510 中响应盐胁迫诱导表达,而在甜菜盐敏感品系 S210 中表达量没有显著变化,这表明半胱氨酸蛋白酶抑制剂可能参与调控甜菜耐盐品系 T510 响应盐胁迫的生理代谢过程。有研究表明在一些植物中半胱氨酸蛋白酶抑制剂会响应逆境胁迫而诱导表达,同时前期有研究表明将半胱氨酸蛋白酶抑制剂基因过量表达,可提高植株的耐盐特性。紫色酸性磷酸酶是一种能够将相应底物去磷酸化的酶,即通过水解磷酸单酯将底物分子上的磷酸基团除去,并生成磷酸根离子和自由羟基。在甜菜盐敏感品系 S210 叶中紫色酸性磷酸酶基因响应盐胁迫诱导表达,在耐盐品系 T510 叶中其并没有显著变化,推测紫色酸性磷酸酶可能参与调节高盐胁迫下盐敏感品系 S210 的早衰过程。苹果酸脱氢酶是三羧酸循环中的关键酶之一,有报道称苹果酸脱氢酶会响应盐胁迫,本书发现苹果酸脱氢酶在盐胁迫下的盐敏感品系 S210 中表达量显著降低,这进一步说明盐胁迫下盐敏感品系 S210 的能量代谢过程受到较大影响。

4.2　抗逆相关蛋白质分析

逆境下植物体内会大量合成一些保护性或者抗氧化相关的蛋白质,如合成一些热激蛋白,本书发现,在盐胁迫下,不论是耐盐品系还是盐敏感品系,叶中 HSP 70 蛋白基因均显著上调表达,表明在盐胁迫下分子伴侣类保护性蛋白合成显著增加,有助于甜菜抵御高盐环境。此外,L-抗坏血酸氧化酶 6 基因在甜菜耐盐品系 T510 中显著上调表达,而在甜菜盐敏感品系 S210 中没有发生显著变化,这也进一步证明甜菜耐盐品系 T510 具有更为有效的抗氧化酶系统。有报道表明,甜菜体内高效的抗氧化酶系统对于甜菜耐盐具有重要影响。胚胎发育晚期丰富蛋白是植物体内大量存在的一种小分子亲水性蛋白质,目前大量的报道表明该蛋白质广泛参与植物响应各种非生物胁迫,特别是在植物响应干旱等缺水性胁迫过程中发挥重要作用。本书发现,胚胎发育晚期丰富蛋白基因在耐盐品系 T510 中响应盐胁迫强烈诱导表达,而在盐敏感品系 S210 中表达量没有显著变化。

4.3　信号转导相关蛋白质分析

茉莉酸是植物体内一种重要的内源性激素类物质,它参与调控植物的种子萌发、气孔关闭、色素形成、衰老死亡及适应各种生物和非生物胁迫过程。本书发现甜菜盐敏感品系 S210 叶中茉莉酸诱导蛋白相关基因响应盐胁迫下调表达,而在耐盐品系 T510 根中则响应盐胁迫上调表达,这些结果表明茉莉酸诱导蛋白有助于提高耐盐品系的耐盐性。生长素结合蛋白参与生长素调节的植物生长发育过程,其在细胞中的含量既关系到细胞的相对生长,又直接影响细胞对生长素的敏感性。本书发现在甜菜耐盐品系 T510 中生长素结合蛋白含量显著增加。

4.4　蛋白质折叠及降解相关蛋白

泛素-蛋白水解酶途径是特异性降解蛋白质的重要途径,参与机体多种代谢活动,主要降解细胞周期蛋白、细胞表面受体等,通常在应激条件下胞内变性蛋白及异常蛋白也通过该途径降解。该途径依赖 ATP,由两步构成,即靶蛋白的多聚泛素化以及多聚泛素化的蛋白质被 26S 蛋白水解酶复合体水解。本书发现在盐胁迫下甜菜耐盐和盐敏感品系体内大量的泛素化相关蛋白质表达量显著增加,如泛素化连接酶 E2 和多聚泛素化蛋白等表达量显著增加,这有助于加速体内蛋白质的降解,进而减轻应激反应中一些变形蛋白对细胞的影响。

4.5 其他相关蛋白

有许多细胞壁蛋白参与响应生物胁迫及非生物胁迫过程,特别是一些细胞壁代谢相关酶类,参与细胞壁的合成及降解,这些蛋白质对于植物细胞的抗逆性具有重要意义。本书发现在甜菜盐敏感品系 S210 根中一些细胞壁合成相关蛋白表达量显著降低,而在甜菜耐盐品系 T510 中其表达量没有显著变化,这也表明细胞壁合成相关蛋白可能参与甜菜耐盐性的调控。

本书利用植物生理学分析及蛋白质组学手段,对甜菜耐盐品系 T510 及盐敏感品系 S210 在盐胁迫下响应蛋白的差异性进行了系统深入的分析,最终得出如下结论:

1. 在盐胁迫下,甜菜耐盐品系 T510 的植株干重、叶面积、叶片相对含水量及叶绿素含量等指标均显著高于甜菜盐敏感品系,这表明甜菜耐盐品系具有较强的耐盐性。

2. 在生物化学水平上甜菜耐盐品系 T510 体内具有较强的抗氧化活性,特别是在盐胁迫下具有较强的 SOD 及 APX 活性,并且体内的 MDA 含量及相对电导率显著低于盐敏感品系 S210,表明耐盐品系 T510 体内具有较强的活性氧清除能力,推测耐盐品系 T510 的高抗氧化活性对于提高其抗逆性具有重要意义。

3. 利用 iTRAQ 技术,对两个品系盐胁迫下差异表达蛋白进行筛选及鉴定,最终在耐盐品系 T510 叶中鉴定得到差异表达蛋白 47 个,在耐盐品系 T510 根中鉴定得到差异表达蛋白 71 个,在盐敏感品系 S210 叶中鉴定得到差异表达蛋白 54 个,在盐敏感品系 S210 根中鉴定得到差异表达蛋白 52 个。对这些蛋白质进行深入分析,鉴定得到了一批与甜菜耐盐及盐敏感相关的关键蛋白质分子。

参考文献

[1]郭艳超, 王文成, 刘同才, 等. 盐胁迫对甜菜叶片生长及生理指标的影响[J]. 河北农业科学, 2011(2): 11 – 14.

[2]金光德, 南桂仙. 植物盐胁迫响应及耐盐的分子机制[J]. 农技服务, 2011(10): 1448 – 1449, 1495.

[3]李蔚农, 王荣华, 王维成, 等. NaCl 胁迫对甜菜生长的影响[J]. 中国糖料, 2007(2): 17 – 19.

[4]夏金婵, 张小莉. 植物盐胁迫相关信号转导机制的研究[J]. 安徽农业科学, 2014(34): 12023 – 12027, 12030.

[5]赵可夫, 李法曾, 樊守金, 等. 中国的盐生植物[J]. 植物学通报, 1999(3): 201 – 207.

[6]周述波, 林伟, 萧浪涛. 植物激素对植物盐胁迫的调控[J]. 琼州大学学报, 2005(2): 27 – 30.

[7]王宝山, 赵可夫, 邹琦. 作物耐盐机理研究进展及提高作物抗盐性的对策[J]. 植物学通报, 1997, 32: 25 – 30.

[8]吴敏, 薛立, 李燕. 植物盐胁迫适应机制研究进展[J]. 林业科学, 2007(8): 111 – 117.

[9]惠红霞, 许兴, 李前荣. NaCl 胁迫对枸杞叶片甜菜碱、叶绿素荧光及叶绿素含量的影响[J]. 干旱地区农业研究, 2004, 22(3): 109 – 114.

[10]於丽华, 耿贵. 不同浓度 NaCl 对甜菜生长的影响[J]. 中国糖料, 2007(3): 14 – 16.

[11] Allakhverdiev S I, Sakamoto A, Nishiyama Y, et al. Ionic and osmotic effects of NaCl – induced inactivation of photosystems Ⅰ and Ⅱ in

Synechococcus sp. [J]. Plant Physiology, 2000, 123(3): 1047-1056.

[12] 王东明, 贾媛, 崔继哲. 盐胁迫对植物的影响及植物盐适应性研究进展 [J]. 中国农学通报, 2009(4): 124-128.

[13] Del Río L A. ROS and RNS in plant physiology: an overview[J]. Journal of Experimental Botany, 2015, 66(10): 2827-2837.

[14] Anjum N A, Gill S S, Gill R, et al. Metal/metalloid stress tolerance in plants: role of ascorbate, its redox couple, and associated enzymes[J]. Protoplasma, 2014, 251(6): 1265-1283.

[15] O'Brien J A, Daudi A, Butt V S, et al. Reactive oxygen species and their role in plant defence and cell wall metabolism[J]. Planta, 2012, 236(3): 765-779.

[16] 李娅娜, 江可珍, 别之龙. 植物盐胁迫及耐盐机制研究进展[J]. 黑龙江农业科学, 2009(3): 153-156.

[17] Deinlein U, Stephan A B, Horie T, et al. Plant salt-tolerance mechanisms [J]. Trends Plant Science, 2014, 19(6): 371-379.

[18] Flowers T J, Colmer T D. Plant salt tolerance: adaptations in halophytes [J]. Annals of Botany, 2015, 115(3): 327-331.

[19] ZHANG JINLIN, SHI HUAZHONG. Physiological and molecular mechanisms of plant salt tolerance[J]. Photosynthesis Research, 2013, 115(1): 1-22.

[20] LIANG WENJI, MA XIAOLI, WAN PENG. Plant salt-tolerance mechanism: a review[J]. Biochemical and Biophysical Research Communications, 2018, 495(1): 286-291.

[21] Lee K, Seo P J. Airborne signals from salt-stressed *Arabidopsis* plants trigger salinity tolerance in neighboring plants[J]. Plant Signaling & Behavior, 2014, 9(1): e28392.

[22] Ligaba A, Katsuhara M. Insights into the salt tolerance mechanism in barley (*Hordeum vulgare*) from comparisons of cultivars that differ in salt sensitivity [J]. Journal of Plant Research, 2010, 123(1): 105-118.

[23] Chankaew S, Isemura T, Naito K, et al. QTL mapping for salt tolerance and

domestication – related traits in *Vigna marina* subsp. *oblonga*, a halophytic species[J]. Theoretical and Applied Genetics, 2014, 127(3): 691 –702.

[24]Flowers T J, Munns R, Colmer T D. Sodium chloride toxicity and the cellular basis of salt tolerance in halophytes[J]. Annals of Botany, 2015, 115 (3): 419 –431.

[25]Bose J, Rodrigo – Moreno A, Shabala S. ROS homeostasis in halophytes in the context of salinity stress tolerance[J]. Journal of Experimental Botany, 2014, 65(5): 1241 –1257.

[26]张建锋, 李吉跃, 宋玉民, 等. 植物耐盐机理与耐盐植物选育研究进展 [J]. 世界林业研究, 2003(2): 16 –22.

[27]陈善福, 舒庆尧. 植物耐干旱胁迫的生物学机理及其基因工程研究进展 [J]. 植物学通报, 1999(5): 555 –560.

[28]Julkowska M M, Testerink C. Tuning plant signaling and growth to survive salt[J]. Trends in Plant Science, 2015, 20(9): 586 –594.

[29]Shabala S, WU HONGHONG, Bose J. Salt stress sensing and early signalling events in plant roots: current knowledge and hypothesis[J]. Plant Science, 2015(241): 109 –119.

[30]Demidchik V, Maathuis F J M. Physiological roles of nonselective cation channels in plants: from salt stress to signalling and development[J]. New Phytologist, 2007, 175: 387 –404.

[31]Shabala S, Cuin T A. Potassium transport and plant salt tolerance[J]. Physiologia Plantarum, 2008, 133: 651 –669.

[32]Maathuis F J M, Sanders D. Sodium uptake in *Arabidopsis* roots is regulated by cyclic nucleotides[J]. Plant Physiology, 2001, 127: 1617 –1625.

[33]Donaldson L, Ludidi N, Knight M R, et al. Salt and osmotic stress cause rapid increases in *Arabidopsis thaliana* cGMP levels [J]. FEBS Letters, 2004, 569: 317 –320.

[34]Lemtiri – Chlieh F, MacRobbie E A C, Webb A A R, et al. Inositol hexakisphosphate mobilizes an endomembrane store of calcium in guard cells[J]. Proceedings of the National Academy of Sciences, 2003, 100:

10091 – 10095.

[35] CHENG YU, WU RUI, Wee C W, et al. A spatio – temporal understanding of growth regulation during the salt stress response in *Arabidopsis* [J]. The Plant Cell, 2013, 25: 2132 – 2154.

[36] Munns R, Tester M. Mechanisms of salinity tolerance [J]. Annu Rev Plant Biol, 2008, 59: 651 – 681.

[37] D'Onofrio C, Lindberg S. Sodium induces simultaneous changes in cytosolic calcium and pH in salt – tolerant quince protoplasts [J]. Journal of Plant Physiology, 2009, 166: 1755 – 1763.

[38] Bose J, Rodrigo – Moreno A, LAI DIWEN, et al. Rapid regulation of the plasma membrane H^+ – ATPase activity contributes to salinity tolerance in two halophyte species, *Atriplexlentiformis* and *Chenopodium quinoa* [J]. Annals of Botany, 2015, 115: 481 – 494.

[39] SHI HUAZHONG, Ishitani M, Kim C, et al. The *Arabidopsis thaliana* salt tolerance gene *SOS*1 encodes a putative Na^+/H^+ antiporter [J]. Proceedings of the National Academy of Sciences, 2000, 97: 6896 – 6901.

[40] Maathuis F J M, Ahmad I, Patishtan J. Regulation of Na^+ fluxes in plants [J]. Frontiers in Plant Science, 2014, 5: 467.

[41] Ray P D, HUANG BOWEN, Tsuji Y. Reactive oxygen species (ROS) homeostasis and redox regulation in cellular signaling [J]. Cellular Signalling, 2012, 24(5): 981 – 990.

[42] Davletova S, Rizhsky L, LIANG HONGJIAN, et al. Cytosolic ascorbate peroxides 1 is a central component of the reactive oxygen gene network of *Arabidopsis* [J]. The Plant Cell, 2005, 17(1): 268 – 281.

[43] Apel K, Hirt H. Reactive oxygen species: metabolism, oxidative stress, and signal transduction [J]. Annual Review of Plant Biology, 2004, 55: 373 – 399.

[44] Hossain M S, ElSayed A I, Moore M, et al. Redox and reactive oxygen species network in acclimation for salinity tolerance in sugar beet [J]. Journal of Experimental Botany, 2017, 68(5): 1283 – 1298.

[45] YOU JUN, CHAN ZHULONG. ROS regulation during abiotic stress responses in crop plants[J]. Front Plant Sci, 2015(6): 1092.

[46] ZHANG MING, Smith J A, Harberd N P, et al. The regulatory roles of ethylene and reactive oxygen species (ROS) in plant salt stress responses[J]. Plant Molecular Biology, 2016, 91(6): 651 – 659.

[47] Chen S, Harmon A C. Advances in plant proteomics[J]. Proteomics, 2006, 6: 5504 – 5516.

[48] Qureshi M I, Qadir S, Zolla L. Proteomics – based dissection of stress – responsive pathways in plants[J]. Journal of Plant Physiology, 2007, 164: 1239 – 1260.

[49] Smith J C, Figeys D. Proteomics technology in systems biology[J]. Molecular Biosystems, 2006, 2: 364 – 370.

[50] 阮松林, 马华升, 王世恒, 等. 植物蛋白质组学研究进展[J]. 遗传, 2006, 28(11): 1472 – 1486.

[51] ZHAO QI, ZHANG HENG, WANG TAI, et al. Proteomics – based investigation of salt – responsive mechanisms in plant roots[J]. Journal of Proteomics, 2013, 82: 230 – 253.

[52] Ghaffari A, Gharechahi J, Nakhoda B, et al. Physiology and proteome responses of two contrasting rice mutants and their wild type parent under salt stress conditions at the vegetative stage[J]. Journal of Plant Physiology, 2014, 171(1): 31 – 44.

[53] Liu C W, Chang T S, Hsu Y K, et al. Comparative proteomic analysis of early salt stress responsive proteins in roots and leaves of rice[J]. Proteomics, 2014, 14(15): 1759 – 1775.

[54] WANG JUNCHENG, MENG YAXIONG, LI BAOCHUN, et al. Physiological and proteomic analyses of salt stress response in the halophyte *Halogeton glomeratus*[J]. Plant, Cell & Environment, 2015, 38(4): 655 – 669.

[55] WANG YUGUANG, LI HAIYING, CHEN SIXUE. Advances in quantitative proteomics[J]. Frontiers in Biology, 2010, 5(3): 195 – 203.

[56] Altelaar A F M, Munoz J, Heck A J R. Next – generation proteomics: to-

wards an integrative view of proteome dynamics[J]. Nature Reviews Genetics, 2013, 14(1): 35 − 48.

[57] ZHANG HENG, HAN BING, WANG TAI. Mechanisms of plant salt response: insights from proteomics[J]. Journal of Proteome Research, 2012, 11(1): 49 − 67.

[58] 金明亮, 贾海伦. 甜菜作为能源作物的优势及其发展前景[J]. 中国糖料, 2011(1): 58 − 59, 66.

[59] 刘华君, 王欣怡, 白晓山, 等. 14 份甜菜品种生长期耐盐性研究[J]. 中国糖料, 2015(3): 21 − 23, 26.

[60] 史淑芝, 崔杰, 鲁兆新, 等. 甜菜种质资源耐盐性筛选[J]. 中国甜菜糖业, 2008(4): 7 − 9.

[61] 陈业婷, 李彩凤, 赵丽影, 等. 甜菜耐盐性筛选及其幼苗对盐胁迫的响应[J]. 植物生理学通讯, 2010, 46: 1121 − 1128.

[62] 惠菲, 梁启全, 於丽华, 等. NaCl 和 KCl 胁迫对甜菜幼苗生长的影响[J]. 中国糖料, 2012(3): 30 − 32.

[63] 吴晓雷, 田自华, 张家骅, 等. 甜菜抗盐生理研究进展[J]. 中国甜菜, 1991(2): 46 − 49.

[64] 耿贵, 周建朝, 陈丽, 等. 氯化钠胁迫下甜菜不同品种(系)种子发芽率和幼苗生长的差异[J]. 中国糖料, 2004(2): 14 − 18.

[65] 於丽华, 耿贵, 崔平, 等. 甜菜种质资源耐盐性的初步筛选[J]. 中国糖料, 2013(4): 39 − 41.

[66] Ghoulam C, Foursy A, Fares K. Effects of salt stress on growth, inorganic ions and proline accumulation in relation to osmotic adjustment in five sugar beet cultivars[J]. Environmental and Experimental Botany, 2002, 47: 39 − 50.

[67] YANG LE, ZHANG YANJUN, ZHU NING, et al. Proteomic analysis of salt tolerance in sugar beet monosomic addition line M14[J]. Journal of Proteome Research, 2013, 12: 4931 − 4950.

[68] Koh J, Chen G, Yoo M J, et al. Comparative proteomic analysis of *Brassica napus* in response to drought stress [J]. Journal of Proteome Research,

2015, 14(8): 3068 - 3081.

[69] Parker J, Koh J, Yoo M J, et al. Quantitative proteomics of tomato defense against *Pseudomonas syringae* infection[J]. Proteomics, 2013, 13(12 - 13): 1934 - 1946.

[70] Zhu M, Dai S, Zhu N, et al. Methyl jasmonate responsive proteins in *Brassica napus* guard cells revealed by iTRAQ - based quantitative proteomics[J]. Journal of Proteome Research, 2012, 11(7): 3728 - 3742.

[71] Hamann T. The plant cell wall integrity maintenance mechanism - a case study of a cell wall plasma membrane signaling network[J]. Phytochemistry, 2015, 112: 100 - 109.

[72] Zagorchev L, Kamenova P, Odjakova M. The role of plant cell wall proteins in response to salt stress [J]. The Scientific World Journal, 2014, 2014: 764089.

[73] PANG QIUYING, CHEN SIXUE, DAI SHAOJUN, et al. Comparative proteomics of salt tolerance in *Arabidopsis thaliana* and *Thellungiella halophila* [J]. Journal of Proteome Research, 2010, 9(5): 2584 - 2599.

[74] WANG YUGUANG, PENG CHUNXUE, ZHAN YANAN, et al. Comparative proteomic analysis of two sugar beet cultivars with contrasting drought tolerance[J]. Journal of Plant Growth Regulation, 2017, 36(3): 537 - 549.

[75] 丁海东, 万延慧, 齐乃敏, 等. 重金属(Cd^{2+}、Zn^{2+})胁迫对番茄幼苗抗氧化酶系统的影响[J]. 上海农业学报, 2004, 20(4): 79 - 82.

[76] WANG YUGUANG, Stevanato P, YU LIHUA, et al. The physiological and metabolic changes in sugar beet seedlings under different levels of salt stress [J]. Journal of Plant Research, 2017, 130(6): 1079 - 1093.

[77] PI ZHI, Stevanato P, SUN FEI, et al. Proteomic changes induced by potassium deficiency and potassium substitution by sodium in sugar beet[J]. Journal of Plant Research, 2016, 129(3): 527 - 538.

[78] 关瑞, 李昌, 宋维. 分光光度法测定微量氯离子的研究与应用[J]. 化工标准化与质量监督, 2000(3): 7 - 9.

[79] WANG WEI, ZHAO PENG, ZHOU XUEMEI, et al. Genome - wide identi-

fication and characterization of cystatin family genes in rice (*Oryza sativa* L.)[J]. Plant Cell Reports, 2015, 34(9): 1579 – 1592.

[80]Dutt S, Gaur V S, Taj G, et al. Differential induction of two different cystatin genes during pathogenesis of Karnal bunt (*Tilletia indica*) in wheat under the influence of jasmonic acid[J]. Gene, 2012, 506(1): 253 – 260.

[81]WANG YUGUANG, ZHAN YANAN, WU CHUAN, Wu C, et al. Cloning of a cystatin gene from sugar beet M14 that can enhance plant salt tolerance [J]. Plant Science, 2012, 191 – 192: 93 – 99.

[82]Quain M D, Makgopa M E, Márquez – García B, et al. Ectopic phytocystatin expression leads to enhanced drought stress tolerance in soybean (*Glycine max*) and *Arabidopsis thaliana* through effects on strigolactone pathways and can also result in improved seed traits[J]. Plant Biotechnology Journal, 2014, 12(7): 903 – 913.

[83]Suen P K, ZHANG SIYI, Sun S S M. Molecular characterization of a tomato purple acid phosphatase during seed germination and seedling growth under phosphate stress[J]. Plant Cell Reports, 2015, 34(6): 981 – 992.

[84]González – Muñoz E, Avendaño – Vázquez A O, Montes R A C, et al. The maize (*Zea mays* ssp. *mays var.* B73) genome encodes 33 members of the purple acid phosphatase family [J]. Frontiers in Plant Science, 2015, 6: 341.

[85]WANG LIANGSHENG, LIU DONG. *Arabidopsis* purple acid phosphatase 10 is a component of plant adaptive mechanism to phosphate limitation[J]. Plant Signaling & Behavior, 2012, 7(3): 306 – 310.

[86]Robinson W D, Carson I, Ying S, et al. Eliminating the purple acid phosphatase AtPAP26 in *Arabidopsis thaliana* delays leaf senescence and impairs phosphorus remobilization [J]. New Phytologist, 2012, 196 (4): 1024 – 1029.

[87]Beeler S, Liu H C, Stadler M, et al. Plastidial NAD – dependent malate dehydrogenase is critical for embryo development and heterotrophic metabolism in *Arabidopsis*[J]. Plant Physiology, 2014, 164(3): 1175 – 1190.

[88] LÜ JUN, GAO XIAORONG, DONG ZHIMING, et al. Improved phosphorus acquisition by tobacco through transgenic expression of mitochondrial malate dehydrogenase from *Penicillium oxalicum*[J]. Plant Cell Reports, 2012, 31 (1): 49 – 56.

[89] YAO XINYAO, DONG QINGLONG, ZHAI HENG, et al. The functions of an apple *cytosolic malate dehydrogenase* gene in growth and tolerance to cold and salt stresses [J]. Physiology and Biochemistry, 2011, 49 (3): 257 – 264.

[90] WANG QINGJIE, SUN HONG, DONG QINGLONG, et al. The enhancement of tolerance to salt and cold stresses by modifying the redox state and salicylic acid content via the *cytosolic malate dehydrogenase* gene in transgenic apple plants [J]. Plant Biotechnology Journal, 2016, 14 (10): 1986 – 1997.

[91] LI HAO, LIU SHANSHAN, YI CHANGYU, et al. Hydrogen peroxide mediates abscisic acid induced HSP70 accumulation and heat tolerance in grafted cucumber plants [J]. Plant Cell & Environment, 2014, 37 (12): 2768 – 2780.

[92] Sarkar N K, Kundnani P, Grover A. Functional analysis of Hsp70 superfamily proteins of rice (*Oryza sativa*)[J]. Cell Stress Chaperones, 2013, 18 (4): 427 – 37.

[93] Augustine S M, Narayan J A, Syamaladevi D P, et al. Erianthus arundinaceus HSP70 (EaHSP70) overexpression increases drought and salinity tolerance in sugarcane (*Saccharum* spp. hybrid) [J]. Plant Science, 2015, 232: 23 – 34.

[94] Hossain M S, ElSayed A I, Moore M, et al. Redox and reactive oxygen species network in acclimation for salinity tolerance in sugar beet[J]. Journal of Experimental Botany, 2017, 68(5): 1283 – 1298.

[95] Dunajska – Ordak K, Skorupa – Kłaput M, Kurnik K, et al. Cloning and expression analysis of a gene encoding for ascorbate peroxidase and responsive to salt stress in beet (*Beta vulgaris*)[J]. Plant Molecular Biology Reporter,

2014(32): 162 - 175.

[96]MA CHUNQUAN, WANG YUGUANG, GU DAN, et al. Overexpression of S - adenosyl - L - methionine synthetase 2 from sugar beet M14 increased *Arabidopsis* tolerance to salt and oxidative stress[J]. International Journal of Molecular Sciences, 2017, 18(4): E847.

[97]WANG MEIZHEN, LI PING, LI CONG, et al. SiLEA14, a novel atypical LEA protein, confers abiotic stress resistance in foxtail millet[J]. BMC Plant Biology, 2014, 14: 290.

[98]LIU YANG, WANG LI, JIANG SHANSHAN, et al. Group 5 LEA protein, ZmLEA5C, enhance tolerance to osmotic and low temperature stresses in transgenic tobacco and yeast[J]. Plant Physiology and Biochemistry, 2014, 84: 22 - 31.

[99]Lischweski S, Muchow A, Guthörl D, et al. Jasmonates act positively in adventitious root formation in petunia cuttings[J]. BMC Plant Biology, 2015, 15: 229.

[100] Wasternack C, Hause B. Jasmonates: biosynthesis, perception, signal transduction and action in plant stress response, growth and development: an update to the 2007 review in *Annals of Botany*[J]. Annals of Botany, 2013, 111(6): 1021 - 1258.

[101]Wasternack C, Forner S, Strnad M, et al. Jasmonates in flower and seed development[J]. Biochimie, 2013, 95(1): 79 - 85.

[102]Rustgi S, Pollmann S, Buhr F, et al. JIP60 - mediated, jasmonate and senescence induced molecular switch in translation toward stress and defense protein synthesis[J]. Proceedings of the National Academy of Sciences, 2014, 111(39): 14181 - 14186.

[103] Dunaeva M, Goebel C, Wasternack C, et al. The jasmonate - induced 60 kDa protein of barley exhibits N - glycosidase activity in vivo[J]. FEBS Letters, 1999, 452(3): 263 - 266.

[104]Araújo W L, Tohge T, Ishizaki K, et al. Protein degradation an alternative respiratory substrate for stressed plants[J]. Trends Plant Science, 2011,

16(9): 489 –498.

[105] Rattanapisit K, Cho M H, Bhoo S H. Lysine 206 in *Arabidopsis* phyto-chrome A is the major site for ubiquitin – dependent protein degradation [J]. The Journal of Biochemistry, 2016, 159(2): 161 –169.

[106] LIU QING, WANG QIN, LIU BIN, et al. The blue light – dependent poly-ubiquitination and degradation of *Arabidopsis* cryptochrome 2 requires multi-ple E3 ubiquitin ligases[J]. Plant and Cell Physiology, 2016, 57(10): 2175 –2186.

[107] Kim S J, Brandizzi F. The plant secretory pathway: an essential factory for building the plant cell wall[J]. Plant and Cell Physiology, 2014, 55(4): 687 –693.

第三篇
　　甜菜 M14 品系
　　半胱氨酸蛋白酶
　　抑制剂基因功能的
　　研究

第 1 章　绪论

1.1　甜菜 M14 品系的来源及研究进展

1.1.1　甜菜 M14 品系的来源

野生白花甜菜是甜菜属的一个野生种,具有抗旱、抗霜、耐盐、耐寒及无融合生殖等优良特性。将栽培甜菜与野生白花甜菜进行种间杂交,来引入野生种的优良特性是甜菜育种的一个研究热点。郭德栋教授前期将四倍体野生白花甜菜与二倍体栽培甜菜种间杂交,获得异源三倍体后,进一步与栽培甜菜回交,在其后代中筛选出一套在栽培甜菜染色体组基础上带有野生白花甜菜染色体的单体附加系,共有 9 种类型。经鉴定,附加了野生白花甜菜第 9 号染色体的单体附加系甜菜 M14 品系,可将附加染色体稳定遗传,传递率达 96.7%。细胞学、胚胎学、分子生物学及生理学研究证实,甜菜 M14 品系具备野生白花甜菜的一些优良特性,如抗逆、无融合生殖等,推测可能是野生白花甜菜第 9 号染色体的导入使得甜菜 M14 品系具有了野生品种的一些优良基因资源。

1.1.2　甜菜 M14 品系的研究进展

近年来,相关人员对甜菜 M14 品系进行了深入研究。方晓华等人构建了甜菜 M14 品系 BIBAC 文库,该文库共包含 49 920 个克隆,平均插入片段大小为 127 kb,覆盖甜菜 M14 品系基因组 7.5 倍,理论上有大于 99% 的概率克隆到甜菜 M14 品系基因组中任何单拷贝 DNA 序列。研究人员应用基因组原位杂交技术分析了甜菜 M14 品系细胞内染色体的情况,并利用荧光原位杂交技术将 2 个 BAC 克隆定位在甜菜 M14 品系所附加的野生白花甜菜第 9 号染色体上,推测这两个单克隆可能是无融合生殖关键时期特异表达的基因。

于冰、马春泉等人利用抑制消减杂交技术以及 mRNA 差异显示技术,得到了 298 个甜菜 M14 品系花期特异及差异表达的 EST(表达序列标签)。同时,采用 RACE(cDNA 末端快速扩增)技术获得了 10 个特异表达基因的全长。将获得的 BvM14 - MADS box 和 BvM14 - Rab 基因在模式植物烟草中过量表达,并对转基因植株的生理指标和表型进行了检测,对这两个特异表达基因的功能进行了初步鉴定。李海英等人通过甜菜 M14 品系花器官比较蛋白质组学研究,成功鉴定了甜菜 M14 品系花期特异和差异表达的蛋白质点 71 个,将蛋白质组信息与获得的转录组 EST 信息对比发现,有 8 个蛋白质点信息与前期获得的 EST 匹配达显著水平,本书所研究的甜菜 M14 品系半胱氨酸蛋白酶抑制剂基因就是其中之一。这些工作的顺利完成为大力挖掘甜菜 M14 品系的优质基因资源奠定了坚实基础。

1.2 植物半胱氨酸蛋白酶抑制剂

1.2.1 半胱氨酸蛋白酶抑制剂简介

蛋白质水解是一个复杂的过程,在此过程中各种外源性或者内源性蛋白酶发挥着重要的作用。生物体内的蛋白酶大多属于丝氨酸蛋白酶、甲硫氨酸蛋白酶、天冬氨酸蛋白酶、半胱氨酸蛋白酶等几大类。同时,生物体内存在一类可特异性抑制相应蛋白酶活性的蛋白质,即蛋白酶抑制剂,它通常包括半胱氨酸蛋白酶抑制剂、胰蛋白酶抑制剂、丝氨酸蛋白酶抑制剂等。其中,半胱氨酸蛋白酶抑制剂可与木瓜蛋白酶等半胱氨酸蛋白酶形成结构紧密的复合物,抑制其活性,从而保护蛋白质的二硫键,阻止相关蛋白质的降解。

1.2.2　植物半胱氨酸蛋白酶抑制剂的分类及结构

1.2.2.1　植物半胱氨酸蛋白酶抑制剂的分类

半胱氨酸蛋白酶抑制剂在生物界分布广泛。在动物中,根据分子质量、二硫键数目以及亚细胞定位的不同,半胱氨酸蛋白酶抑制剂分为 3 个家族:家族Ⅰ,其分子质量大约为 11 ku,没有二硫键;家族Ⅱ,含有 2 个二硫键,其分子质量大约是 13 ku;家族Ⅲ,分子质量为 50 ~ 114 ku。

植物半胱氨酸蛋白酶抑制剂与动物半胱氨酸蛋白酶抑制剂同源,因此植物半胱氨酸蛋白酶抑制剂最初被归类为半胱氨酸蛋白酶抑制剂超家族中的植物同系物。现根据分子质量的不同,植物半胱氨酸蛋白酶抑制剂分成独立的 3 种类型:(1)Ⅰ型植物半胱氨酸蛋白酶抑制剂,其分子质量是 12 ~ 16 ku,大多数植物半胱氨酸蛋白酶抑制剂属于此类型,如来自水稻的稻属半胱氨酸蛋白酶抑制剂(OC – Ⅰ),该抑制剂与鸡蛋白半胱氨酸蛋白酶抑制剂具有很高的同源性;(2)Ⅱ型植物半胱氨酸蛋白酶抑制剂,分子质量接近 23 ku,如在芋头、大豆、芝麻、草莓等中发现的半胱氨酸蛋白酶抑制剂,它们拥有和Ⅰ型植物半胱氨酸蛋白酶抑制剂相似的保守 N 端以及由基因复制而产生的重复 C 端;(C)Ⅲ型植物半胱氨酸蛋白酶抑制剂,这是发现于马铃薯及西红柿中的半胱氨酸蛋白酶抑制剂,其分子质量为 80 ku。

1.2.2.2　植物半胱氨酸蛋白酶抑制剂的保守结构

研究人员于 1987 年首次从水稻中克隆了半胱氨酸蛋白酶抑制剂的植物同系物,随后小麦、马铃薯等 80 多种植物中的半胱氨酸蛋白酶抑制剂基因得到成功克隆和鉴定。蛋白质序列分析表明,所有的植物半胱氨酸蛋白酶抑制剂中均含有半胱氨酸蛋白酶抑制剂基因家族的 3 个保守结构域:N 端的甘氨酸残基、活性中心元件 QXVXG、C 端的色氨酸残基。这些保守结构域可以直接与半胱氨酸蛋白酶的活性中心连接,使其催化活性受到破坏。与动物半胱氨酸蛋白酶抑制剂相比,植物半胱氨酸蛋白酶抑制剂缺失了二硫键,但在 N 端具有保守的氨基酸结构域,因此,目前已将植物半胱氨酸蛋白酶抑制剂归入独立的家族。

1.2.3　植物半胱氨酸蛋白酶抑制剂功能研究

在植物体内,半胱氨酸蛋白酶抑制剂参与调控种子萌发、发育以及细胞程序性死亡等。研究人员发现植物半胱氨酸蛋白酶抑制剂在提高作物对病虫害的抗性以及缓解非生物胁迫造成的损伤等方面具有重要作用,因此研究和利用半胱氨酸蛋白酶抑制剂基因,阐明该基因的作用机理,对于提高我国作物品质和产量、开发绿色生态农业具有重大意义。

1.2.3.1　植物半胱氨酸蛋白酶抑制剂抗虫研究进展

目前,对植物半胱氨酸蛋白酶抑制剂功能的研究大都集中在半胱氨酸蛋白酶抑制剂对鳞翅目、鞘翅目等有害昆虫的生长抑制方面。相关机制已较清楚,主要是半胱氨酸蛋白酶抑制剂可以抑制有害昆虫肠道中起消化裂解作用的半胱氨酸蛋白酶的活性,进而影响昆虫对必需氨基酸的消化吸收,最终使其因营养不良而死亡。通过转基因手段将水稻等的半胱氨酸蛋白酶抑制剂基因导入植物体内,获得的转基因植物对线虫等有害昆虫的侵袭有显著抗性。同时,将原核表达的植物半胱氨酸蛋白酶抑制剂通过体外包装来饲喂有害昆虫,发现其体重明显下降,生长受到抑制。

1.2.3.2　植物半胱氨酸蛋白酶抑制剂抗病原真菌研究进展

将植物半胱氨酸蛋白酶抑制剂添加在培养植物病原真菌的培养基中,病原真菌的孢子萌发及菌丝体生长均受到抑制,这表明植物半胱氨酸蛋白酶抑制剂有抑制植物病原真菌生长的作用,但其相关机制还尚不明确。有研究人员推测其机制可能是植物半胱氨酸蛋白酶抑制剂抑制植物病原真菌体内半胱氨酸蛋白酶的活性,进而使病原真菌营养缺失,生长停滞。然而,也有报道称,半胱氨酸蛋白酶抑制剂对病原真菌生长的抑制与病原真菌体内半胱氨酸蛋白酶的活性并无相关联系,推测其可能通过影响细胞壁的形成和改变细胞膜的通透性,最终影响病原真菌生长。

1.2.3.3 植物半胱氨酸蛋白酶抑制剂抗非生物胁迫研究进展

许多植物半胱氨酸蛋白酶抑制剂基因是通过筛选逆境胁迫下 cDNA 文库中的差异表达基因而获得的。研究植物半胱氨酸蛋白酶抑制剂基因在非生物胁迫下的表达模式时,发现该基因在低温、干旱、高盐、氧化等胁迫下表达量均有不同程度的增加。这表明植物半胱氨酸蛋白酶抑制剂与植物在非生物胁迫下的应激反应联系密切,推测植物半胱氨酸蛋白酶抑制剂基因可能具有提高植物在非生物胁迫下抗逆性的作用。有报道称,半胱氨酸蛋白酶抑制剂可通过抑制半胱氨酸蛋白酶活性来抑制细胞程序性死亡过程。进一步研究表明,半胱氨酸蛋白酶抑制剂可抑制细胞程序性死亡过程中体内 H_2O_2 的产生,而 H_2O_2 等活性氧又是细胞程序性死亡过程中的重要信号分子。同时,在各种非生物胁迫下,植物体也会产生大量活性氧,推测植物半胱氨酸蛋白酶抑制剂可能通过调控活性氧来提高植物对非生物胁迫的抗逆性。

目前对于植物半胱氨酸蛋白酶抑制剂提高植物抵抗非生物胁迫方面的研究仍较少,在转基因植物中过量表达半胱氨酸蛋白酶抑制剂基因提高植物抗逆性方面,研究集中在拟南芥和水稻上,并且都没有阐明其作用机制。

1.3 RACE

1.3.1 RACE

RACE 是一项在已知 cDNA 序列的基础上克隆 5′端和 3′端缺失序列的技术。其中已知的 cDNA 序列可来自表达 EST、消减 cDNA 文库和基因文库筛选。3′-RACE 技术的主要原理是:在反转录酶的作用下,利用 oligo(dT)和一个接头组成的引物,以 mRNA 为模板反转录得到 cDNA 第一链,再用已知 cDNA 序列的上游引物(GSP)和接头序列的下游引物进行 PCR 反应,即可得到 cDNA 全长的 3′端。5′-RACE 技术的原理与 3′-RACE 技术相似,用已知基因片段 GSP 起始合成 cDNA 第一链,再利用末端转移酶对 5′端进行同聚物加尾反应,从而在未知的 5′端加上一个接头,然后用 GSP 和接头引物扩增出未知的 5′端。这使得 RACE 技术同传统的筛选 cDNA 文库进行一步克隆 cDNA 全长的方法相比,更加简单、快速,越来越受到重视。

1.3.2　SMART RACE

SMART RACE 是一种更高效的克隆技术。该方法的核心是鼠源反转录酶 MMLV,该酶在反转录到达 mRNA 的 5′端时,具有末端转移酶的活性,在形成的 cDNA 第一链中加上 3 个 C,接头序列的 3 个 G 将通过和 3 个 C 互补配对,作为反转录模板,一直延伸到引物的末端。由于 SMART RACE 中反转录反应和加接头反应是连续完成的,减少了操作步骤,可最大限度地得到 cDNA 序列的 5′端,提高了获得基因全长的可能。

1.4　农杆菌介导的植物遗传转化

植物转基因是通过各种物理的、化学的和生物的方法将分离的目的基因导入植物基因组并稳定表达,赋予受体植物预期性状。常见的植物转基因方法有花粉管通道法、显微注射法、基因枪法和农杆菌介导法等。农杆菌介导法由于具有操作简单、成本低、效率高、转基因拷贝数低等优点被广泛应用,成为转基因研究中的首选方式。农杆菌介导法是将农杆菌的 Ti 或 Ri 质粒上的一段带有外源目的基因的 T‒DNA 区转入并整合到植物基因组中。介导转化过程的相关基因片段主要包括农杆菌 Ti 质粒上 T‒DNA 和 Vir 区的基因,以及染色体上的 pscA、chvA、att、chvB、chvD 等基因。具体过程为:植物受到创伤后,受伤组织的细胞释放出乙酰丁香酮等酚类化合物,诱导农杆菌 Ti 质粒上 Vir 区基因表达,促进 T‒DNA 复合体的形成;形成的 T‒DNA 复合体经过 T‒DNA 复合体转移通道,以类似于细菌转导过程的方式进入植物细胞内,实现 T‒DNA 复合体的跨膜转运;在 VirE2 和 VirD2 的核定位信号序列引导下,以 VirD2 为先导向植物细胞核运动并结合到核仁上,最终整合到植物基因组中。

构建农杆菌介导的遗传转化体系,主要包括以下几个主要步骤:(1)目的基因的获得;(2)植物表达载体的构建;(3)利用转化植物表达载体的农杆菌侵染植株受伤组织或侵染拟南芥等植株的花序;(4)筛选和鉴定阳性转基因植株。利用农杆菌进行植物遗传转化已成为植物转基因研究领域的常规技术,特别是在双子叶植物拟南芥、烟草以及单子叶植物水稻中转化技术已十分成熟。但农杆菌转化系统仍有一些局限性,如农杆菌侵染的寄主范围仍有一定的限制,有些植物通过组织培养获得植株再生较困难。

1.5　原核表达体系及蛋白质纯化

基因工程的重要内容之一就是制备和纯化大量的外源蛋白,用来对该蛋白质的性质和结构进行研究。目前已被选作表达外源蛋白的表达系统有大肠杆菌、酵母、哺乳动物细胞和植物等。大肠杆菌表达系统的优点有大肠杆菌培养简单、操作简便、表达产量高、成本低、易于进行工业化生产等。表达体系表达的蛋白质往往需要进行富集和纯化,以提高目的蛋白的产量和纯度。在众多的蛋白质纯化技术中,融合标签技术由于具有操作简便等优点而应用最广泛。融合标签技术主要基于亲和色谱,通过目的蛋白所带有的融合标签,与固相介质中的配基发生特异性和可逆性的结合,进而达到纯化的目的。

蛋白质纯化中常用融合标签有 SPA(葡萄球菌蛋白 A)、GFP(绿色荧光蛋白)、GST(谷胱甘肽巯基转移酶)、FLAG(专为蛋白纯化和检测设计的八肽)和 $6 \times His$(六聚组氨酸)等。在这些标签中,由 $6 \sim 10$ 个连续组氨酸组成的 His 标签具有标签相对较小、对融合蛋白结构影响小、不需要从融合蛋白中切除等优点,最为常用。除此以外,该标签还具有以下一些优点:(1)对金属离子如镍、锌有高度的亲和力;(2)洗脱条件温和多样;(3)与金属离子的结合不受变性剂尿素等的影响。此外,一些抗 His 标签的单克隆抗体或多克隆抗体也常应用于带有 His 标签融合蛋白的纯化,这都为 His 标签的广泛应用提供了有利条件。

本书利用前期获得的甜菜 M14 品系 *BvM14 - Cystatin* 基因的 EST 和蛋白质信息,采用 SMART RACE 克隆获得该基因 cDNA 全长;运用半定量 RT - PCR 技术对该基因在甜菜 M14 品系根、茎、叶、花中的表达情况进行分析;构

建 *BvM*14 – *Cystatin* 基因的原核表达载体;在原核表达体系中,诱导甜菜 M14 品系 *BvM*14 – *Cystatin* 的表达,对表达蛋白进行纯化并测定其对木瓜蛋白酶的抑制活性。

构建 *BvM*14 – *Cystatin* 基因的真核表达载体,在农杆菌介导下将其转化拟南芥获得 T_2 代纯合转基因植株,将转基因植株进行 NaCl 和甘露醇胁迫,研究转基因植株对盐和干旱胁迫的抗逆性。

目前,对于植物半胱氨酸蛋白酶抑制剂提高植物对非生物胁迫的抗逆性的研究较少。本书基于课题组前期的工作基础,克隆甜菜 M14 品系 *BvM*14 – *Cystatin* 基因,对该基因在植物对非生物胁迫的抗逆性方面起的作用进行深入研究,为进一步揭示植物半胱氨酸蛋白酶抑制剂基因提高植物对非生物胁迫抗逆性的机制、推进甜菜 M14 品系优质基因资源的开发利用奠定基础。

本篇的技术路线见图 3 – 1 – 1。

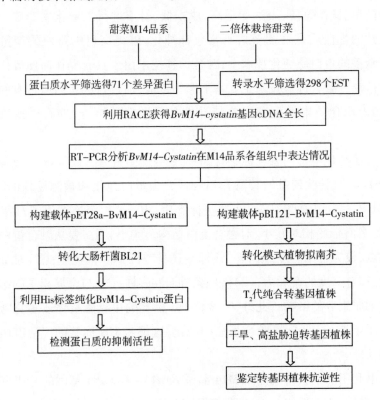

图 3 – 1 – 1　技术路线

第 2 章　材料与方法

2.1　试验材料

2.1.1　植物材料

甜菜 M14 品系,栽培于黑龙江大学植物园内。拟南芥哥伦比亚型,由东北林业大学戴绍军教授赠送。

2.1.2　菌株及质粒载体

大肠杆菌菌株 DH5α 和 BL21(DE3),根癌农杆菌 EHA105 菌株,原核表达载体 pET28a、植物表达载体 pBI121。

2.1.3　试剂及试剂盒

考马斯亮蓝蛋白测定试剂盒、限制性核酸内切酶 *Nde* I、*Xho* I、*Sac* I、*Xba* I、DNA 连接酶、DNA Marker、蛋白 Marker MP102、DNA 纯化试剂盒、RNase A、Ex Taq DNA 聚合酶等。

2.1.4 试剂及培养基

2.1.4.1 缓冲液与试剂

(1)0.5 mol/L EDTA(pH = 8.0)

186.10 g EDTA 溶于 800 mL 水中,用 NaOH 调 pH 值至 8.0,定容至 1 000 mL,高压灭菌。

(2)100 mg/mL RNase A

取 10 mg RNase A 溶于 100 μL 10 mmol/L Tris – HCl(pH = 7.5)中, 100 ℃ 煮沸 10 min,冷却至室温后,保存于 – 20 ℃。

(3)10 mol/L NaOH

400 g NaOH 溶于 450 mL 水中,定容至 1 000 mL。

(4)100 mg/mL 氨苄青霉素

1 g 氨苄青霉素用 10 mL 无菌水溶解。过滤除菌,分装,避光保存。

(5)50 × TAE

在 800 mL 水中加入 57.1 mL 乙酸、242 g Tris、100 mL 0.5 mol/L EDTA (pH = 8.0),剧烈搅拌,高压灭菌。

2.1.4.2 培养基

(1)LB 培养基

蛋白胨 10 g,酵母提取物 5 g,NaCl 10 g,加水定容至 1 000 mL,调 pH 值到 7.2,培养基含 2% 琼脂,121 ℃ 湿热灭菌 15 min 后备用。

(2)SOC 培养基

蛋白胨 20 g,酵母提取物 5 g,NaCl 5 g,0.25 mol/L KCl 溶液 10 mL, 2 mol/L $MgCl_2$ 溶液 5 mL,1 mol/L 葡萄糖 20 mL,加水定容至 1 000 mL,调 pH 到 7.2,121 ℃ 湿热灭菌 15 min 后备用。

(3)MS 培养基

a. NH_4NO_3 1 650 mg 溶于约 500 mL 水中。

b. 加热溶解后,水快沸腾时加入琼脂粉(7.5 g/L),沸腾 3 次后,加入 30 g

蔗糖。

c. 加入大量元素母液、微量元素母液、铁盐母液、有机物母液(可见第一篇2.3)。

d. 加水定容至 1 000 mL,调 pH 至 5.8 ~ 6.2。分装后灭菌。

2.1.5 引物

(1)试剂盒自带引物

UPM、M13 引物 M4、5′ – CDS 引物。

(2)RACE 克隆基因引物

S – 45:5′ – TTCTTTCTCAACTACAAATATCTT – 3′

S – 165:5′ – CAGAAAACAGCTTGGACATCGA – 3′

S – 311:5′ – GCAACTGATGGCGACAAGAAGA – 3′

As – 433:5′ – GCAGCCCTCTGCCGGAGCATCGG – 3′

As – 327:5′ – TTGTCGCCATCAGTTGCCTCAAG – 3′

As – 658:5′ – AGAAAAGCATTACCATAAACTGTGT – 3′

(3)构建载体引物

Zs:5′ – GCTAGTCTAGAATGACGACAGTTGGAGGAAT – 3′

Zas – 2:5′ – ATAGAGCTCCTAGCTGCTGCAGCCCTCT – 3′

Es:5′ – CGCCATATGACGACAGTTGGAG – 3′

Eas:5′ – CGCCTCGAGGCTGCTGCAGCCCTCTG – 3′

(4)构建载体验证通用引物

TY – s:5′ – ACGCACAATCCCACTATCCTT – 3′

TY – as:5′ – TTGCCAAATGTTTGAACGA – 3′

T7F:5′ – TAATACGACTCACTATAGGG – 3′

T7R:5′ – GCTAGTTATTGCTCAGCGG – 3′

(5)半定量 RT – PCR 引物

18S – F:5′ – CCCCAATGGATCCTCGTTA – 3′

18S – R:5′ – TGACGGAGAATTAGGGTTCG – 3′

Actin – 1:5′ – ACTCTTAATCAATCCCTCCACC – 3′

Actin $-2:5'-$ CTGTATGACTGACACCATCACC $-3'$

2.2 试验方法

2.2.1 甜菜 M14 品系 *BvM14 – Cystatin* 基因全长的获得

2.2.1.1 甜菜 M14 品系花总 RNA 的提取及质量检测

取甜菜 M14 品系花蕾,采用 TRIzol 一步法提取总 RNA。用 DNA 计算器测定 RNA 浓度并计算 A_{260}/A_{280} 和 A_{260}/A_{230}。采用 1% 琼脂糖凝胶电泳检测 RNA 的完整性。

2.2.1.2 甜菜 M14 品系花 cDNA 第一链的获得

(1)3′ – RACE cDNA 第一链的获得

使用相应 PCR 试剂盒,合成用于 3′ – RACE 的 cDNA 第一链,命名为"3′ – RACE cDNA Mix"。

(2)5′ – RACE cDNA 第一链的获得

使用相应 PCR 试剂盒,合成用于 5′ – RACE 的 cDNA 第一链,命名为"5′ – RACE cDNA Mix"。

2.2.1.3 甜菜 M14 品系 *BvM14 – Cystatin* 基因 3′端的获得

甜菜 M14 品系 3′ – RACE 扩增模板为 3′ – RACE cDNA Mix,并以 S – 165、M4 分别为基因特异引物和 3′端锚定引物,进行 3′ – RACE 扩增,PCR 反应体系如下:

去离子水	17.25 μL
Ex Taq 缓冲液	2.5 μL
dNTP 混合液(2.5 mmol/L)	2 μL
3′–RACE cDNA Mix	1 μL
S–165	1 μL
M4	1 μL
Ex Taq DNA 聚合酶(5 U/μL)	0.25 μL
总体积	25 μL

反应条件:94 ℃ 4 min;94 ℃ 30 s,57 ℃ 30 s,72 ℃ 90 s,30 个循环;72 ℃ 7 min。

PCR 反应完毕后,进行1%琼脂糖凝胶电泳检测。为增加扩增特异性,将第一轮的 PCR 产物用去离子水稀释50 倍作为模板,以S–311、M4 为引物,进行半巢式 PCR,反应体系及条件同上,PCR 反应完毕后,进行1%琼脂糖凝胶电泳检测。

2.2.1.4　甜菜 M14 品系 *BvM*14–*Cystatin* 基因 5′端的获得

甜菜 M14 品系 5′–RACE 扩增模板为 5′–RACE cDNA Mix,并以 As–327、UPM 分别为基因特异引物和 5′端锚定引物,进行 5′–RACE 扩增,PCR 反应体系如下:

去离子水	17.25 μL
Ex Taq 缓冲液	2.5 μL
dNTP 混合液(2.5 mmol/L)	2 μL
5′–RACE cDNA Mix	1 μL
引物 As–327	1 μL
引物 UPM	1 μL
Ex Taq DNA 聚合酶(5 U/μL)	0.25 μL
总体积	25 μL

反应条件:94 ℃ 4 min;94 ℃ 30 s,65 ℃ 30 s,72 ℃ 90 s,30 个循环;72 ℃

7 min。

PCR 反应完毕后,进行 1% 琼脂糖凝胶电泳检测。为增加扩增特异性,将第一轮的 PCR 产物用去离子水稀释 50 倍作为模板,以 As – 433、UPM 为引物,进行半巢式 PCR,反应体系及条件同上,PCR 反应完毕后,进行 1% 琼脂糖凝胶电泳检测。

2.2.1.5 目的片段的克隆及测序

(1)DNA 片段的回收

采用相应试剂盒,对 3′ – RACE 以及 5′ – RACE 第二轮扩增得到的特异性片段进行凝胶回收。

(2)DNA 片段与 pMD18 – T 载体连接

采用相应试剂盒,将回收得到的目的 DNA 片段与 pMD18 – T 载体连接,16 ℃ 水浴,15 h。

(3)DH5α 感受态细胞的制备

①从过夜培养的大肠杆菌 DH5α 平板上挑取单菌落接种到 50 mL LB 液体培养基中,37 ℃ 下 180 r/min 振荡培养 12 h。

②取上步的菌液,以 1% 接种量接种于 50 mL LB 液体培养基中,37 ℃ 下 180 r/min 培养 2 h。

③将上步得到的菌液,4 000 r/min 离心 5 min,保留菌体沉淀。

④加入 5 mL 0.1 mol/L $CaCl_2$ 溶液,将沉淀悬浮,置于冰上 30 min。

⑤将菌液 4 000 r/min 离心 5 min,弃上清液,加入 5 mL 预冷的 0.1 mol/L $CaCl_2$ 溶液,悬浮沉淀。

⑥将获得的感受态细胞分装,4 ℃ 保存,待用。

(4)连接产物的转化

①60 μL 感受态细胞和 10 μL 连接液混匀,冰上放置 30 min。

②将混合的液体 42 ℃ 水浴 80 s,再次冰上放置 90 s。

③加入 1 mL 预热的 SOC 培养基,37 ℃ 下 180 r/min 振荡培养 50 min。

④将菌液梯度涂布在 LB 平板(含 Amp 50 μg/mL、IPTG 2.5 mmol/L、X – Gal 1 mg/L)上,37 ℃ 倒置培养 12 h。

(5)阳性克隆子的 PCR 筛选与鉴定

用无菌枪头随机挑起白色菌落,进行菌落 PCR 反应验证,PCR 反应参照 2.2.1.3 中 3′- RACE 的体系及条件,反应结束,取 5 μL PCR 产物进行 1% 琼脂糖凝胶电泳检测。将鉴定结果为阳性的剩余菌落部分挑于 1 mL 的 LB 液体培养基(含 Amp 50 μg/mL)振荡培养 12 h,送至相关公司测序。

2.2.1.6 甜菜 M14 品系 *BvM14 - Cystatin* 基因全长的 RT - PCR 验证

分别将 5′- RACE 和 3′- RACE 的测序结果进行拼接,根据拼接的序列设计引物 S - 45 和 As - 658,进行基因全长的 RT - PCR 验证,反应体系如下:

去离子水	17.25 μL
Ex Taq 缓冲液	2.5 μL
dNTP 混合液(2.5 mmol/L)	2 μL
5′- RACE cDNA Mix	1 μL
S - 45	1 μL
As - 658	1 μL
Ex Taq DNA 聚合酶(5 U/μL)	0.25 μL
总体积	25 μL

反应条件:94 ℃ 4 min;94 ℃ 30 s,58 ℃ 30 s,72 ℃ 90 s,30 个循环;72 ℃ 7 min。

PCR 反应完毕后,进行 1% 琼脂糖凝胶电泳检测,并将获得的目的条带回收测序,具体步骤同 2.2.1.5。

2.2.1.7 甜菜 M14 品系 *BvM14 - Cystatin* 基因的序列分析

(1)核苷酸序列相似性搜索

利用 NCBI 提供的 BLASTp,进行相似性比对,并使用 BioEdit 软件进行蛋白质的分子质量和等电点预测及多重序列比对分析。

（2）基因编码区的预测及信号肽分析

利用 NCBI 提供的 ORF Finder 工具，分析 *BvM*14 – *Cystatin* 基因全长序列的编码区。利用 http://www.cbs.dtu.dk/services/SignalP 网站进行 BvM14 – Cystatin 蛋白信号肽分析。

（3）保守结构域分析

利用 NCBI 网站提供的 rpsblast 程序搜索数据库，进行编码蛋白的保守结构域分析。利用蛋白质二级结构的预测程序 PSI – PRED 进行蛋白质二级结构的预测。

（4）基因的系统发育分析

利用 MEGA4 和 Clustalx 软件进行甜菜 M14 品系 *BvM*14 – *Cystatin* 基因的系统发育分析。

2.2.2　甜菜 M14 品系 *BvM*14 – *Cystatin* 基因表达分析

采用半定量 RT – PCR 分析 *BvM*14 – *Cystatin* 在甜菜 M14 品系根、茎、叶、花中的表达情况。以甜菜 18S rRNA 作为内参基因，调整模板量和循环数，使样品中内参基因 PCR 产物条带亮度一致，其内参基因引物为 18S – F 和 18S – R。*BvM*14 – *Cystatin* 基因 PCR 反应引物为 S – 45 和 As – 658。PCR 反应体系如下：

去离子水	17.25 μL
Ex Taq 缓冲液	2.5 μL
dNTP 混合液(2.5 mmol/L)	2 μL
3′ – RACE cDNA Mix	1 μL
18S – F/S – 45	1 μL
18S – R/As – 658	1 μL
Ex Taq DNA 聚合酶(5 U/μL)	0.25 μL
总体积	25 μL

内参基因 PCR 反应条件:94 ℃ 4 min;94 ℃ 30 s,55 ℃ 30 s,72 ℃ 90 s,23 个循环;72 ℃ 7 min。*BvM*14 – *Cystatin* 基因 PCR 反应条件:94 ℃ 4 min;

94 ℃ 30 s,58 ℃ 30 s,72 ℃ 90 s,23 个循环;72 ℃ 7 min。PCR 反应完毕后,进行 1% 琼脂糖凝胶电泳检测,并利用相应软件进行凝胶条带丰度分析。

2.2.3 甜菜 M14 品系 *BvM14 – Cystatin* 蛋白的表达纯化及性质研究

2.2.3.1 重组载体 pET28a – BvM14 – Cystatin 的构建

(1) *BvM14 – Cystatin* 基因片段的获得

利用设计的基因特异引物 Es 和 Eas,以甜菜 M14 品系花 cDNA 第一链为模板进行 PCR 反应,获得目的基因片段。PCR 反应体系如下:

去离子水	17.25 μL
Ex Taq 缓冲液	2.5 μL
dNTP 混合液(2.5 mmol/L)	2 μL
3′ – RACE cDNA Mix	1 μL
Es	1 μL
Eas	1 μL
Ex Taq DNA 聚合酶(5 U/μL)	0.25 μL
总体积	25 μL

反应条件:94 ℃ 4 min;94 ℃ 30 s,65 ℃ 30 s,72 ℃ 90 s,30 个循环;72 ℃ 7 min。

PCR 反应完毕后,进行 1% 琼脂糖凝胶电泳检测,将获得的目的条带进行凝胶回收。

(2) pET28a 载体的提取

利用碱裂解法从相应菌体中提取 pET28a 载体。

(3) *BvM14 – Cystatin* 基因和 pET28a 载体的双酶切

用限制性核酸内切酶 *Nde* I、*Xho* I 分别对 *BvM14 – Cystatin* 基因片段和 pET28a 载体进行双酶切,反应体系如下:

cDNA/pET28a	10 μL
Nde I	1 μL
Xho I	1 μL
10 × H Buffer	2 μL
去离子水	6 μL
总体积	20 μL

37 ℃反应 3 h,终止酶切反应,取全部酶切产物进行 1% 琼脂糖凝胶电泳检测,分别对酶切后的片段进行回收。

(4)pET28a 载体与 *BvM14 - Cystatin* 基因的连接

将经双酶切并回收的 pET28a 载体与 *BvM14 - Cystatin* 基因片段进行连接,16 ℃反应 24 h,连接反应体系如下:

10 × T₄ DNA 连接酶 Buffer	2.5 μL
BvM14 - Cystatin 基因	10 μL
pET28a 载体	2 μL
T₄ DNA 连接酶	2 μL
去离子水	8.5 μL
总体积	25 μL

(5)重组载体转化及阳性克隆子筛选

将连接产物转化到大肠杆菌 DH5α 感受态细胞中,操作步骤同 2.2.1.5 (4),涂布在 LB 平板(含 Kana 50 μg/mL)上,培养 12 h。阳性克隆子筛选步骤同 2.2.1.5(5),PCR 反应体系及条件同 2.2.3.1(1)。将最终筛选获得的阳性克隆子进行活化,保存。

(6)pET28a - BvM14 - Cystatin 重组载体的 PCR 及双酶切验证

将阳性克隆子的菌液接种于 50 mL LB 液体培养基(含 Kana 50 μg/mL)中,180 r/min 振荡培养 12 h 后,用碱裂解法提取重组载体。

利用基因特异引物 Es、Eas 和重组载体上的通用引物 T7F、T7R 进行 PCR 反应验证。PCR 反应体系如下:

去离子水	17.25 μL
Ex Taq 缓冲液	2.5 μL
dNTP 混合液(2.5 mmol/L)	2 μL
重组质粒	1 μL
Es/T7F	1 μL
Eas/T7R	1 μL
Ex Taq DNA 聚合酶(5 U/μL)	0.25 μL
总体积	25 μL

基因特异引物 PCR 反应条件:94 ℃ 4 min;94 ℃ 30 s,5 ℃ 30 s,72 ℃ 90 s,30 个循环;72 ℃ 7 min。通用引物 PCR 反应条件:94 ℃ 4 min;94 ℃ 30 s,55 ℃ 30 s,72 ℃ 90 s,30 个循环;72 ℃ 7 min。PCR 反应完毕后,进行 1% 琼脂糖凝胶电泳检测。

将提取的重组载体进行双酶切验证,双酶切的反应体系及条件同 2.2.3.1(3),对双酶切产物进行 1% 琼脂糖凝胶电泳检测。

2.2.3.2　诱导 BvM14 – Cystatin 蛋白的原核表达

(1)重组载体 pET28a – BvM14 – Cystatin 转化及阳性克隆子筛选

将提取的重组载体 pET28a – BvM14 – Cystatin 转化表达菌株大肠杆菌 BL21(DE3)感受态细胞并进行阳性克隆子的筛选,具体步骤同 2.2.3.1(5)。

(2)诱导与提取目的蛋白

①用无菌枪头挑取含有重组载体 pET28a – BvM14 – Cystatin 的单菌落,接种于装有 50 mL LB 液体培养基(含 Kana 50 μg/mL)中,37 ℃ 下 180 r/min 振荡培养 12 h。

②取活化好的菌种按 1% 的量接种于 100 mL LB 液体培养基(含 Kana 50 μg/mL)中,摇匀,37 ℃ 下 230 r/min 振荡培养 2.5 h。

③向菌液中分别加入终浓度 0.1 mmol/L、1 mmol/L 的 IPTG 做诱导剂,并分别在 28 ℃、32 ℃ 下进行培养,180 r/min 振荡培养 6 h。以未进行 IPTG 诱导的菌液作为阴性对照。

④分别取经诱导菌液和阴性对照 10 mL,加入离心管中,4 ℃ 下

5 000 r/min 离心 10 min;弃上清液,加入 1 × 结合缓冲液 3 mL,进行超声波破碎。4 ℃下 12 000 r/min 离心 10 min,分别收集上清液和沉淀。沉淀用 500 μL 50 mmol/L 的 Na_2CO_3(pH = 9.5)溶解,将上清液和沉淀置于 4 ℃ 保存。

⑤将菌体的上清液和沉淀进行分离胶浓度为 15% 的 SDS – PAGE 检测,确定 BvM14 – Cystatin 蛋白的诱导表达情况。

2.2.3.3 BvM14 – Cystatin 蛋白的纯化

(1)目的蛋白纯化洗脱浓度的确定

①向聚丙烯空色谱柱加 5 mL 无菌去离子水,浸湿滤芯部分,使液体能正常流动。

②将 His·Bind 树脂轻柔颠倒彻底重悬树脂。用一个去头移液器吸头将 500 μL 悬液加入准备好的空色谱柱(100 μL 悬液含 50 μL 树脂,完全沉降后柱床体积为 50 μL)。待树脂在重力作用下自然沉降。

③当树脂沉降、保存液的液面降至树脂表面时,按以下顺序选择液体清洗、离子化和平衡色谱柱:3 倍体积无菌去离子水,5 倍体积 1 × 离子化缓冲液,3 倍体积 1 × 结合缓冲液。

④待 1 × 结合缓冲液下降至色谱介质表面,小心加入 2.2.3.2(2)中制备的目的蛋白上清液 5 mL。建议流速为每小时 10 倍柱床体积,然后分别加入 10 倍柱床体积 1 × 结合缓冲液、6 倍体积 1 × 漂洗缓冲液进行冲洗。

⑤分别以含 100 mmol/L、150 mmol/L、200 mmol/L、250 mmol/L 咪唑的洗脱液,进行目的蛋白的洗脱,洗脱液按需要分段收集,每管 1 mL。

⑥取 10 μL 洗脱液进行分离胶浓度为 15% 的 SDS – PAGE 检测。

(2)目的蛋白的纯化

将 2.2.3.2(2)中制备好的目的蛋白上清液 10 mL,按 2.2.3.3(1)中的步骤进行目的蛋白的纯化,其洗脱液中咪唑浓度为 200 mmol/L,分段收集 5 管,每管 1 mL,4 ℃保存。取 10 μL 洗脱液进行分离胶浓度为 15% 的 SDS – PAGE 检测。

2.2.3.4　BvM14 – Cystatin 蛋白的抑制活性检测

（1）目的蛋白浓度的测定

纯化后目的蛋白浓度的测定使用考马斯亮蓝蛋白测定试剂盒。

（2）BvM14 – Cystatin 蛋白抑制活性的测定

①在离心管中加入 0.7 mg/mL 木瓜蛋白酶溶液 200 μL 和 0.1 mol/L 磷酸二氢钠 1 mL,37 ℃下 2 min,使酶激活。

②试验组中加入含有已知浓度的目的蛋白溶液 1 mL,对照组中加入 0.02 mmol/L 磷酸氢二钠 1 mL,37 ℃,5 min。

③加入 1.5 mg/mL 的 L – BAPNA 底物 400 μL,37 ℃下反应 15 min。

④加入 30% 乙酸终止反应,分别测定 405 nm 波长处的吸光度,确定相对活性。

2.2.4　BvM14 – Cystatin 基因在拟南芥中过量表达及功能鉴定

2.2.4.1　植物表达载体 pBI121 – BvM14 – Cystatin 的构建

（1）BvM14 – Cystatin 基因片段的获得

利用基因特异引物 Zs 和 Zas,以甜菜 M14 品系花 cDNA 第一链为模板进行 PCR 反应,获得目的基因片段,PCR 反应体系如下:

去离子水	17.25 μL
Ex Taq 缓冲液	2.5 μL
dNTP 混合液(2.5 mmol/L)	2 μL
3′ – RACE cDNA Mix	1 μL
Zs	1 μL
Zas	1 μL
Ex Taq DNA 聚合酶(5 U/μL)	0.25 μL
总体积	25 μL

反应条件:94 ℃ 4 min;94 ℃ 30 s,59 ℃ 30 s,72 ℃ 90 s,30 个循环;72 ℃ 7 min。

PCR 反应完毕后,进行 1% 琼脂糖凝胶电泳检测,并将获得的目的条带进行凝胶回收。

(2)pBI121 载体的提取

pBI121 载体采用碱裂解法从相应菌体中提取。

(3)$BvM14 - Cystatin$ 基因和 pBI121 载体的双酶切

用限制性核酸内切酶 Sac Ⅰ、Xba Ⅰ 分别对 $BvM14 - Cystatin$ 基因片段和 pBI121 载体进行双酶切,反应体系如下:

cDNA/pBI121	10 μL
Sac Ⅰ	1 μL
Xba Ⅰ	1 μL
10 × M Buffer	2 μL
去离子水	6 μL
总体积	20 μL

37 ℃反应 3 h,反应结束后,取全部酶切产物进行 1% 琼脂糖凝胶电泳检测,分别对酶切后的目的基因片段进行回收。

(4)pBI121 载体与 $BvM14 - Cystatin$ 基因的连接

将双酶切后回收的 pBI121 载体与 $BvM14 - Cystatin$ 基因进行连接,16 ℃反应 24 h,连接反应体系如下:

10 × T_4 DNA 连接酶 Buffer	2.5 μL
$BvM14 - Cystatin$ 基因	10 μL
pBI121 载体	2 μL
T_4 DNA 连接酶	2 μL
去离子水	8.5 μL
总体积	25 μL

(5)重组载体转化及阳性克隆子筛选

将连接产物转化到大肠杆菌感受态细胞中,其操作步骤同 2.2.1.5(4),涂布在 LB 平板(含 Kana 50 μg/mL)上,培养 12 h。阳性克隆子筛选步骤同 2.2.1.5(5),PCR 反应体系及条件同 2.2.4.1(1),将筛选的阳性克隆子进行活化,保存。

(6)pBI121 - BvM14 - Cystatin 重组载体的 PCR 及双酶切验证

将阳性克隆子的菌液接种于 50 mL LB 液体培养基(含 Kana 50 μg/mL)中,180 r/min 振荡培养 12 h 后,用碱裂解法提取重组载体。

利用基因特异引物 Zs、Zas 和重组载体上的通用引物 TY - s、TY - as 进行 PCR 反应验证。PCR 反应体系如下:

去离子水	17.25 μL
Ex Taq 缓冲液	2.5 μL
dNTP 混合液(2.5 mmol/L)	2 μL
重组质粒	1 μL
Zs/TY - s	1 μL
Zas/TY - as	1 μL
Ex Taq DNA 聚合酶(5 U/μL)	0.25 μL
总体积	25 μL

基因特异引物 PCR 反应条件:94 ℃ 4 min;94 ℃ 30 s,59 ℃ 30 s,72 ℃ 90 s,30 个循环;72 ℃ 7 min。通用引物 PCR 反应条件:94 ℃ 4 min;94 ℃ 30 s,55 ℃ 30 s,72 ℃ 90 s,30 个循环;72 ℃ 7 min。PCR 反应完毕后,进行 1% 琼脂糖凝胶电泳检测。

将提取的重组载体进行双酶切验证,双酶切的反应体系及条件同 2.2.4.1(3),对双酶切产物进行 1% 琼脂糖凝胶电泳检测。

2.2.4.2　植物表达载体 pBI121 - BvM14 - Cystatin 转化根癌农杆菌

(1)根癌农杆菌 EHA105 感受态细胞的制备

①在 28 ℃培养 36 h 的平板中挑取一个根癌农杆菌 EHA105 单菌落,接种于 50 mL LB 液体培养基(含 Rif 50 μg/mL)中,28 ℃下 180 r/min 振荡培养 24 h。

②将菌液分装于 1.5 mL 离心管中,6 000 r/min 离心 10 min。

③去上清液,每管加入 1 mL 10% 灭菌甘油轻轻悬浮菌体。6 000 r/min

离心 10 min,收集沉淀,重复一次。

④去上清液,每管加入 60 μL 20% 灭菌甘油轻轻悬浮沉淀,−70 ℃保存。

(2)电击法转化根癌农杆菌 EHA105

①用 70% 乙醇将电击杯清洗数遍,待乙醇挥发,向杯中加入保存在甘油中的感受态细胞 60 μL,避免气泡产生,再加入 2 μL 载体(约 50 ng),吸打几次混匀,加入电击槽中。

②将电压设置为 1 800 V,电击。

③取出电击杯后立即加入 1 mL SOC 培养基,将菌液冲出后加入 1.5 mL 离心管中,28 ℃振荡培养 2 h。

④振荡培养后,将不同量的菌液均匀涂于 LB 平板(Rif 50 μg/mL、Kana 50 μg/mL)上,正置吸附后 28 ℃倒置培养 48 h。

(3)农杆菌阳性克隆子的筛选与鉴定

阳性克隆子的筛选与鉴定方法同 2.2.4.1(5)与(6)。将筛选得到的阳性克隆子于 −70 ℃保存,用于下一步转化拟南芥试验。

2.2.4.3　转化模式植物拟南芥及 T_2 代纯合株系的获得

(1)拟南芥种植

将春化后的拟南芥种子种在装有土壤[m(黑土) : m(蛭石) = 1:1]的盆中,套上塑料薄膜。待种子萌发后,将薄膜取下,平均每 3 天浇一次水,每次浇水要充分。待植株生长 30 d 左右,株高大约 5 cm 时,将其顶升花序剪出,刺激植株产生更多花序。待拟南芥植株少数花开放,并有大量花苞时,准备进行转化,转化前一天需充足浇水。

(2)花序侵染法转化拟南芥植株

①采用三区划线法挑取根癌农杆菌阳性克隆子单菌落,接种于 50 mL 无菌 LB 液体培养基(含 Rif 50 μg/mL、Kana 50 μg/mL)中,28 ℃下 250 r/min 振荡培养 24 h。

②取菌液以 1% 的接种量接入 250 mL 无菌 LB 液体培养基(含 Rif 50 μg/mL、Kana 50 μg/mL)中 28 ℃,250 r/min 振荡培养 18 h。

③将菌液 4 ℃下 3 000 r/min 离心 15 min。弃上清液,加入 200 mL 1/2MS 液体培养基重悬菌体,同时加入 5% 蔗糖和 0.05% 表面活性剂吐温 −80。

④将上述菌液倒入广口容器,用玻璃棒搅匀。将待转化的拟南芥植株倒置,使其地上部分完全浸没在菌液中 5 min。将浸润过后的植株用保鲜膜包好,放在暗处过夜培养。第 2 天去掉保鲜膜,将植株放在正常条件下培养,注意避免阳光直射。

⑤待转化后的植株结荚后,收取种子,以备筛选阳性植株。

(3)T_0代阳性植株的筛选

①在超净工作台中,将收取的种子用 3% 次氯酸钠消毒 5 min,均匀种植在 MS 平板(含 Kana 60 μg/mL)上,将平板放入 4 ℃中春化 7 d。

②春化后将平板在正常条件下培养 10 d 左右,即可看到大多数幼苗黄化,仅有少数幼苗呈现绿色,绿色幼苗可能为阳性植株。

(4)T_1代阳性植株的筛选

将绿色幼苗移入盆中生长,待 T_0 代阳性植株的绿色幼苗长大,结荚收取种子。用收取的种子进行 T_1 代阳性植株的筛选,具体步骤同上。

(5)T_2代纯合株系的获得

将筛选得到的多株 T_1 代阳性植株种子种入盆中,幼苗长大、结荚收取种子。将收取的种子均匀种植在 MS 平板(含 Kana 60 μg/mL)上,将平板放入 4 ℃中春化 7 d,在正常条件下培养 10 d 左右。观察 T_2 代幼苗,若平板中的所有幼苗均为绿色则表明该株系为纯合株系。如果平板中有的幼苗出现黄化现象则表明该株系为非纯合系。将种子保留,用于下一步试验。

2.2.4.4　T_2代纯合株系植株的分子生物学鉴定

(1)T_2代纯合株系植株的 PCR 鉴定

以 CTAB 法提取的 T_2 代纯合株系植株的基因组 DNA 为模板,用基因特异引物 Zs 和 Zas 进行 PCR 扩增。PCR 反应的体系及条件同 2.2.4.1(1),PCR 反应完毕后,进行 1% 琼脂糖凝胶电泳检测。

(2)T_2代纯合株系植株的 RT - PCR 鉴定

①采用 TRIzol 一步法提取转基因拟南芥总 RNA,同 2.2.1.1(1)。

②反转录合成 cDNA 第一链,同 2.2.1.2(1)。

③以上述合成的 cDNA 第一链为模板、Zs 和 Zas 为引物,进行 RT - PCR

反应。PCR 反应的体系及条件同 2.2.4.1(1),PCR 反应完毕后,进行 1% 琼脂糖凝胶电泳检测。

④以拟南芥 *actin* 基因作为内参,内参引物为 Actin - 1 和 Actin - 2。PCR 反应体系同 2.2.4.1(1)。PCR 反应条件:94 ℃ 4 min;94 ℃ 30 s,55 ℃ 30 s, 72 ℃ 90 s,25 个循环;72 ℃ 7 min。

2.2.4.5 T$_2$ 代纯合株系植株的抗逆性鉴定

将 T$_2$ 代纯合株系植株进行高盐、干旱的非生物胁迫鉴定。低温、氧化胁迫将在下一步的工作中完成,具体步骤如下:

(1)在超净工作台中,将 T$_2$ 代纯合株系植株和作为对照的野生型拟南芥的种子用 3% 次氯酸钠消毒 5 min,均匀种植在 MS 平板上,将平板放入 4 ℃ 中春化 7 d。

(2)将有种子的平板放在正常条件下培养 5 d 后,分别将 T$_2$ 代纯合系植株和野生型拟南芥幼苗移至含有 0 mmol/L、100 mmol/L、150 mmol/L NaCl 的 MS 平板,处理 15 d 后,测定植株的根长和鲜重。

(3)将在正常条件下培养 5 d 的幼苗移入含有 0 mmol/L、175 mmol/L NaCl 的 MS 平板上,处理 25 d 后测定植株的存活率。

(4)将在正常条件下培养 5 d 的 T$_2$ 代纯合系植株和野生型拟南芥幼苗,分别移至含有 0 mmol/L、200 mmol/L、350 mmol/L 甘露醇的 MS 平板上,处理 15 d 后,测定植株的根长和鲜重。

第 3 章　结果与分析

3.1　甜菜 **M14** 品系 *BvM*14 – *Cystatin* 基因全长的获得

3.1.1　甜菜 **M14** 品系花总 RNA 的提取

由 DNA 计算器测定得知提取的甜菜 M14 品系花总 RNA 浓度为 1.98 μg/μL, $A_{260}/A_{280} = 1.895$, $A_{260}/A_{230} = 1.907$, 表明提取的总 RNA 无蛋白质和异硫氰酸胍污染。用 1% 琼脂糖凝胶电泳检测, 结果如图 3 – 3 – 1 所示, 28S rRNA 亮度约为 18S rRNA 的 2 倍, 表明所提取的 RNA 完整性较好。

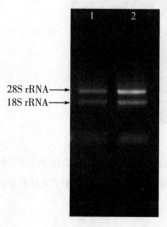

1,2. RNA

图 3 – 3 – 1　甜菜 M14 品系花总 RNA

3.1.2 甜菜 M14 品系 *BvM*14 – *Cystatin* 基因 3′端的获得

3′ – RACE 扩增第一轮和第二轮 PCR 反应后,分别进行 1% 琼脂糖凝胶电泳检测,其结果如图 3 – 3 – 2 所示。

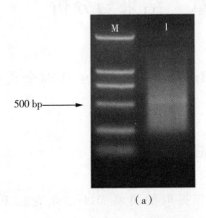

（a）

M. DNA Marker DL2000；1. 第一轮 PCR 产物

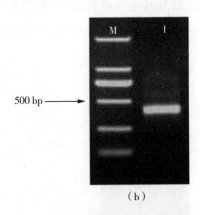

（b）

M. DNA Marker DL2000；1. 第二轮 PCR 产物

图 3 – 3 – 2 *BvM*14 – *Cystatin* 基因 3′ – RACE 扩增结果

由图 3 – 3 – 2 可知,第一轮 3′ – RACE 扩增后,PCR 产物呈现弥散状。而第二轮扩增后大约在 450 bp 处有特异条带出现,将该条带回收,进行测序。

3.1.3 甜菜 **M14** 品系 *BvM14 – Cystatin* 基因 5′端的获得

5′ – RACE 扩增第一轮和第二轮 PCR 反应后,分别进行 1% 琼脂糖凝胶
电泳检测,其结果如图 3 – 3 – 3 所示。

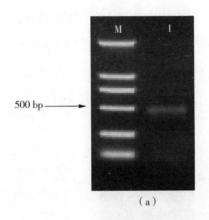

（a）

M. DNA Marker DL2000;1. 第一轮 PCR 产物

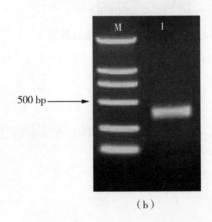

（b）

M. DNA Marker DL2000;1. 第二轮 PCR 产物

图 3 – 3 – 3 *BvM14 – Cystatin* 基因 5′ – RACE 扩增结果

由上图可知,5′ – RACE 第一轮扩增得到约为 500 bp 的条带,为进一步确
保扩增的特异性,进行第二轮扩增,得到一条大约 450 bp 的特异条带,将其回

收,进行测序。

3.1.4 甜菜 M14 品系 *BvM14 – Cystatin* 基因全长的 RT – PCR 验证

根据 3′ – RACE 和 5′ – RACE 两轮扩增后的测序结果进行序列拼接,利用拼接后的序列设计引物,进行基因全长的 RT – PCR 验证,产物进行 1% 琼脂糖凝胶电泳检测,其结果如图 3 – 3 – 4 所示。由图 3 – 3 – 4 可知,扩增得到的目的条带大小与预期一致,将条带回收测序。

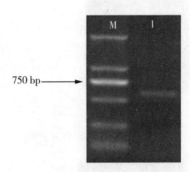

750 bp →

M. DNA Marker DL2000;1. 拼接后基因

图 3 – 3 – 4 *BvM14 – Cystatin* 基因全长的 RT – PCR 验证结果

3.2 甜菜 M14 品系 *BvM14 – Cystatin* 基因的生物信息学分析

3.2.1 *BvM14 – Cystatin* 基因的序列分析

将 3′ – RACE 和 5′ – RACE 扩增结果进行序列拼接后得到甜菜 M14 品系 *BvM14 – Cystatin* 基因全长 690 bp,对其序列进行分析,结果如图 3 – 3 – 5 所示。

```
1    GATTGCGAGGTGGCCATTCCCGAATAGTCACGGTCTCACGGACACGCGGAATTCTTTCTC
61   AACTACAAATATCTTTACCAGGCGTGGTGAAACGCTTAACACACCAGAAAAATAGTATCA
121  GAAAAAGAGAAAAAATGACGACAGTTGGAGGAATTAAGGAAAAAGAGGGATCAGAAAACA
1               M  T  T  V ┌G  G┐ T  K  E  K  E  G  S  E  H
181  GCTTGGACATCGATTTGCTTGCTAAATTTGCTGTTGATCATCACAACACAAAAGAGAATG
16   S  L  D  I  D  L  L  A  K  F  A  V  D  H  H  N  T  K  E  N
     ←───────────────────────────────────────────────────→

241  CTTTGCTCGAATTCCATAGGGTTGTAAATACAAAAGAACAGGTAGTTGCTGGTACTATGT
36   A  L  L  E  F  H  R  V  V  N  T  K  E ┌Q  V  V  A  G┐ T  M
301  ACTATATTACTCTTGAGGCAACTGATGGTGACAAGAAGAAGGTTTATGAAGCGAAAGTGT
56   Y  Y  I  T  L  E  A  T  D  G  D  K  K  K  V  Y  E  A  K  V
361  GGGTTAAGCCATGGATGAACTTCAAGGAAGTGCAGGATTTCAAGTATGTGGGTGATGCCG
76   W  V  K ┌P  W┐M  H  F  K  E  V  Q  D  F  K  Y  V  G  D  A
421  ATGCTCCGGCAGAGGGCTGCAGCAGCTAGGTCTACTGATGACCCGTACTATGGTGAATCT
96   D  A  P  A  E  G  C  S  S  *
481  GAAGTATACTGCATCTGCTAAGACTTCTTTGAGTGAATTATATCCTACATAGATCACTCT
541  TTTTAATTCATACGTAAACGTTTAATCCTAAATTCGCTGAAGAAGCATGTTTAAATTATC
601  GTTCAGAATTCTGATTTGTATGTCAAGTTATTAACACAGTTTATGGTAATGCTTTTCTTT
661  GTTGTTTAAAAAAAAATAAAAAAAAAAAAAAAA
```

图 3 - 3 - 5 *BvM14 - Cystatin* 基因序列及编码蛋白

注:方框部分为半胱氨酸蛋白酶抑制剂活性位点;

双箭头部分为植物半胱氨酸蛋白酶抑制剂特有保守结构域。

ORF 分析该基因具有最长读码框 315 bp,编码 104 个氨基酸。该基因所编码的半胱氨酸蛋白酶抑制剂有 104 个氨基酸,理论分子质量为 12.64 ku,等电点为 7.91。该蛋白质没有信号肽序列,在 N 端附近具有保守的 GG 残基,在氨基酸序列内部具有一个高度保守的 QVVAG 结构域和一个保守的 LAK-FAVDHHN 结构域,其中,LAKFAVDHHN 结构域是植物半胱氨酸蛋白酶抑制剂所特有的结构域,在 C 端附近具有一个保守的 PW 结构域。

3.2.2 BvM14 – Cystatin 蛋白多重序列比对

利用 NCBI 提供的 BLASTp 进行序列分析,发现甜菜 M14 品系与菠菜中 Cystatin 蛋白相似性达到 84%。与油菜、大麦、水稻、拟南芥等植物中的 Cystatin 蛋白进行多重序列比对,对二级结构进行预测,结果如图 3 - 3 - 6 所示。

结果显示,在 N 端附近均具有保守的 GG 残基,在氨基酸序列内部具有一个高度保守的 QVVAG 结构域和一个保守的 LAKFAVDHHN 结构域。二级结构分析发现,均存在 5 个 β 片层和 1 个 α 螺旋。

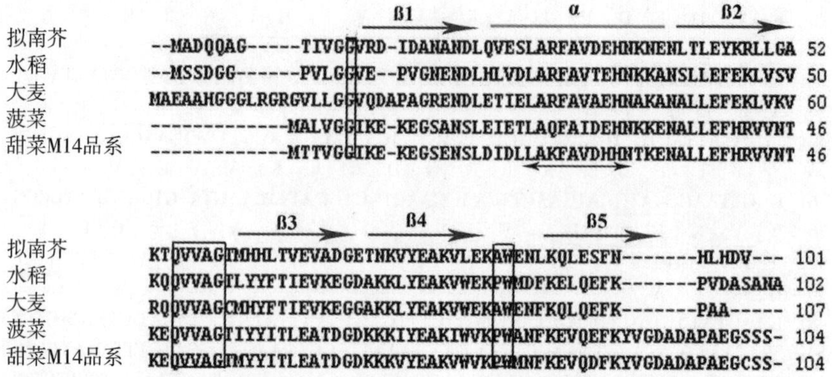

```
                           ß1              α                  ß2
拟南芥      --MADQQAG-----TIVGGVRD-IDANANDLQVESLARFAVDEHNKNENLTLEYKRLLGA  52
水稻        --MSSDGG------PVLGGVE--PVGNENDLHLVDLARFAVTEHNKKANSLLEFEKLVSV  50
大麦        MAEAAHGGGLRGRGVLLGGVQDAPAGRENDLETIELARFAVAEHNAKANALLEFEKLVKV  60
菠菜        -----------MALVGGIKE-KEGSANSLEIETLAQFAIDEHNKKENALLEFHRVVNT   46
甜菜M14品系  -----------MTTVGGIKE-KEGSENSLDIDLLAKFAVDHHNTKENALLEFHRVVNT   46

                       ß3          ß4              ß5
拟南芥      KTQVVAGTMHHLTVEVADGETNKVYEAKVLEKAWENLKQLESFN-------HLHDV---  101
水稻        KQQVVAGTLYYFTIEVKEGDAKKLYEAKVWEKPWMDFKELQEFK-------PVDASANA  102
大麦        RQQVVAGCMHYFTIEVKEGGAKKLYEAKVWEKAWENFKQLQEFK-------PAA-----  107
菠菜        KEQVVAGTIYYITLEATDGDKKKIYEAKIWVKPWANFKEVQEFKYVGDADAPAEGSSS-  104
甜菜M14品系  KEQVVAGTMYYITLEATDGDKKKVYEAKVWVKPWMNFKEVQDFKYVGDADAPAEGCSS-  104
```

图 3 - 3 - 6　BvM14 - Cystatin 蛋白序列的比对

注:方框部分为半胱氨酸蛋白酶抑制剂活性位点;

双箭头部分为植物半胱氨酸蛋白酶抑制剂特有保守结构域。

3.2.3　BvM14 - Cystatin 蛋白的系统发育分析

对甜菜 M14 品系 *BvM14 - Cystatin* 基因编码的蛋白质序列进行系统发育分析,结果如图 3 - 3 - 7 所示。

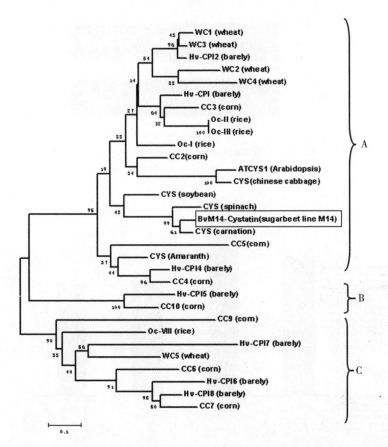

图 3 – 3 – 7　BvM14 – Cystatin 蛋白序列的系统发育树

注:方框部分为甜菜 M14 品系半胱氨酸蛋白酶抑制剂。

由图 3 – 3 – 7 可知,甜菜 M14 品系 BvM14 – Cystatin 蛋白与菠菜中的 Cystatin 蛋白亲缘关系较近,并处于 A 类群中。

3.3　甜菜 M14 品系 *BvM14 – Cystatin* 基因表达分析

利用半定量 RT – PCR 对 *BvM14 – Cystatin* 基因在甜菜 M14 品系根、茎、叶、花中表达情况进行检测,结果如图 3 – 3 – 8 所示。

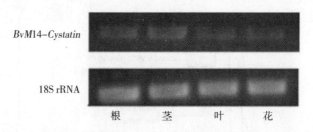

（a）半定量RT-PCR分析BvM14-Cystatin基因在根、茎、叶、花中的表达

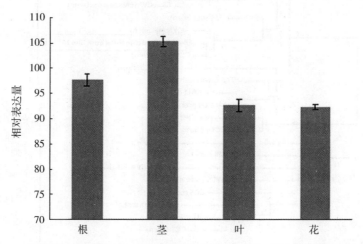

（b）凝胶分析确定BvM14-Cystatin基因在根、茎、叶、花中的相对表达量

图3-3-8　*BvM*14-*Cystatin* 基因在甜菜 M14 品系根、茎、叶、花中的表达分析

　　由图 3-3-8 可知，*BvM*14-*Cystatin* 基因在甜菜 M14 品系根、茎、叶、花中均有不同程度的表达，在根和茎中的表达量较高，在叶和花中表达量相对较低。

3.4　甜菜 M14 品系 BvM14 – Cystatin 蛋白抑制活性研究

3.4.1　重组载体 pET28a – BvM14 – Cystatin 的构建

3.4.1.1　*BvM*14 – *Cystatin* 基因片段的获得及 pET28a 载体的提取

（1）*BvM*14 – *Cystatin* 基因片段的获得

利用基因特异引物 Es 和 Eas,以甜菜 M14 品系花 cDNA 第一链为模板进行 PCR 反应。PCR 反应后,进行 1% 琼脂糖凝胶电泳,结果如图 3 – 3 – 9 所示。由图可知,能够特异扩增得到 *BvM*14 – *Cystatin* 基因片段,可进行下一步的回收及双酶切反应。

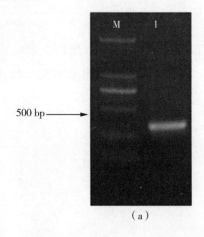

（a）

M. DNA Marker DL2000;1. PCR 扩增的 *BvM*14 – *Cystatin* 基因片段

图 3 – 3 – 9　*BvM*14 – *Cystatin* 基因片段的扩增

（2）pET28a 载体的提取

利用碱裂解法提取 pET28a 载体,提取后的载体进行 1% 琼脂糖凝胶电泳检测,结果如图 3 - 3 - 10 所示。

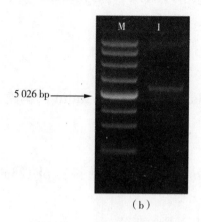

5 026 bp →

（b）

M. Supercoiled DNA Ladder Marker;1. pET28a 载体

图 3 - 3 - 10   pET28a 载体的提取

由图可知,提取的 pET28a 载体质量较好,可进行下一步双酶切反应。

3.4.1.2   重组载体的验证

*BvM*14 - *Cystatin* 基因片段和 pET28a 载体双酶切并回收后,进行连接转化,从得到的阳性菌株中提取重组载体,进行 PCR 和双酶切验证,如图 3 - 3 - 11 和图 3 - 3 - 12 所示。

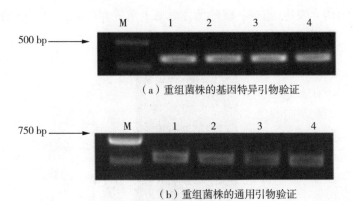

（a）重组菌株的基因特异引物验证

（b）重组菌株的通用引物验证

M. DNA Marker DL2000；1－4. 阳性 pET28a－BvM14－Cystatin 重组菌株

图 3－3－11　重组载体的 PCR 验证

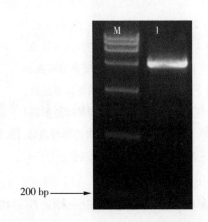

M. DNA Marker DL15000；1. 重组载体的双酶切产物

图 3－3－12　重组载体的双酶切验证

由图 3－3－11 和图 3－3－12 可知，pET28a－BvM14－Cystatin 重组载体构建成功，可将重组载体转化至大肠杆菌 BL21（DE3）菌株。

3.4.2　BvM14－Cystatin 蛋白的原核诱导表达

将转化 pET28a － BvM14 － Cystatin 重组载体的阳性菌株分别以 0.1 mmol/L、1 mmol/L 的 IPTG 做诱导剂，分别在 28 ℃、32 ℃下进行 BvM14－

Cystatin 蛋白诱导表达,超声波破碎菌体后取上清液和沉淀进行 15% 的 SDS - PAGE 检测,结果如图 3 - 3 - 13 所示。

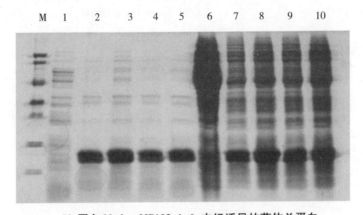

M. 蛋白 Marker MP102;1,6. 未经诱导的菌体总蛋白;

2,7.28 ℃、0.1 mmol/L IPTG 诱导的菌体总蛋白;

3,8.28 ℃、1 mmol/L IPTG 诱导的菌体总蛋白;

4,9.32 ℃、0.1 mmol/L IPTG 诱导的菌体总蛋白;

5,10.32 ℃、1 mmol/L IPTG 诱导的菌体总蛋白

图 3 - 3 - 13　BvM14 - Cystatin 蛋白的诱导表达

注:1～5 为上清液,6～10 为沉淀。

由图 3 - 3 - 13 可知,BvM14 - Cystatin 蛋白在 4 种条件下均可大量表达,在上清液和沉淀中都大量存在,下一步将采用 0.1 mmol/L、28 ℃ 的条件诱导 BvM14 - Cystatin 蛋白大量表达,并用提取上清液进行目的蛋白纯化。

3.4.3　BvM14 - Cystatin 蛋白纯化洗脱浓度的确定

制备好的蛋白质提取上清液加入色谱柱中后,利用 6 倍体积的 1 × 漂洗缓冲液洗脱杂蛋白,并依次以含 100 mmol/L、150 mmol/L、200 mmol/L、250 mmol/L 咪唑的洗脱液,进行目的蛋白的洗脱,洗脱液分段收集,每管收集 1 mL。收集的洗脱液进行 15% 的 SDS - PAGE 检测,结果如图 3 - 3 - 14 所示。

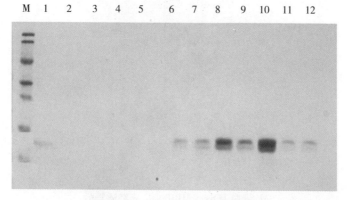

M. 蛋白 Marker MP102；1. 蛋白穿柱液；

2－5. 过柱 1×漂洗缓冲液；6－7. 含 100 mmol/L 咪唑的洗脱液；

8－9. 含 150 mmol/L 咪唑的洗脱液；10－11. 含 200 mmol/L 咪唑的洗脱液；

12. 含 250 mmol/L 咪唑的洗脱液

图 3－3－14 BvM14－Cystatin 蛋白的洗脱

由图 3－3－14 可知，目的蛋白与色谱柱上的配基结合良好，利用含 200 mmol/L 咪唑的洗脱液进行目的蛋白的洗脱效果较好，可得到大量目的蛋白。下一步将利用含 200 mmol/L 咪唑的洗脱液洗脱纯化 BvM14－Cystatin 蛋白，以进行蛋白酶抑制活性的鉴定。

3.4.4 BvM14－Cystatin 蛋白抑制活性鉴定

利用含 200 mmol/L 咪唑的洗脱液进行洗脱纯化，得到大量 BvM14－Cystatin蛋白，如图 3－3－15 所示。使用考马斯亮蓝蛋白测定试剂盒进行目的蛋白浓度测定。待目的蛋白浓度确定后，对目的蛋白的抑制活性进行测定，测定结果如图 3－3－16 所示。

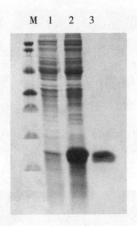

M. 蛋白 Marker MP102；1. 未经诱导的

菌体总蛋白；2. 诱导的菌体总蛋白；

3. 纯化后的 BvM14 – Cystatin 蛋白

图 3 – 3 – 15　BvM14 – Cystatin 蛋白的纯化

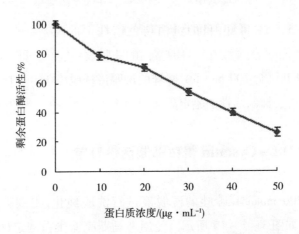

图 3 – 3 – 16　BvM14 – Cystatin 蛋白的抑制活性测定

由图 3 – 3 – 15 可知，纯化得到的目的蛋白纯度较好，经浓度测定可知纯化后目的蛋白的浓度为 0.92 g/L。BvM14 – Cystatin 蛋白对木瓜蛋白酶的活性抑制效果显著，在 BvM14 – Cystatin 蛋白浓度为 50 μg/mL 时，木瓜蛋白酶活性仅为对照组的 26.09%。

3.5 *BvM*14 – *Cystatin* 基因在拟南芥中过量表达及功能鉴定

3.5.1 植物表达载体 pBI121 – BvM14 – Cystatin 的构建

3.5.1.1 *BvM*14 – *Cystatin* 基因片段的获得及载体 pBI121 的提取

(1)*BvM*14 – *Cystatin* 基因片段的获得

利用基因特异引物 Zs 和 Zas,以甜菜 M14 品系花 cDNA 第一链为模板进行 PCR 反应。反应结束后,PCR 产物进行 1% 琼脂糖凝胶电泳,结果如图 3 – 3 – 17 所示。从图中可知,能够特异扩增得到 *BvM*14 – *Cystatin* 基因片段,可进行下一步的回收及双酶切反应。

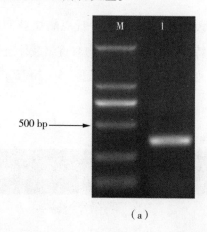

（a）

M. DNA Marker DL2000;1. *BvM*14 – *Cystatin* 基因片段 PCR 扩增产物

图 3 – 3 – 17 *BvM*14 – *Cystatin* 基因片段的扩增

(2)载体 pBI121 的提取

采用碱裂解法提取载体 pBI121,提取后进行 1% 琼脂糖凝胶电泳检测,结果如图 3 - 3 - 18 所示。

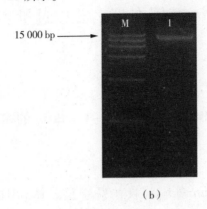

（b）

M. DNA Marker DL15000；1. pBI121 载体

图 3 - 3 - 18　载体 pBI121 提取

从图中可知,提取的 pBI121 载体质量较好,可进行下一步双酶切反应。

3.5.1.2　pBI121 - BvM14 - Cystatin 重组载体的验证

*BvM*14 - *Cystatin* 基因片段和 pBI121 载体进行双酶切并回收后,连接转化大肠杆菌 DH5α,利用基因特异引物和通用引物对重组载体进行 PCR 验证,对重组载体进行双酶切验证,如图 3 - 3 - 19 和图 3 - 3 - 20 所示。

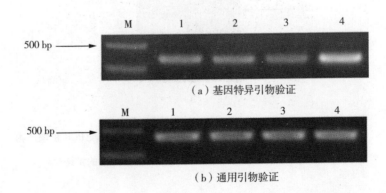

（a）基因特异引物验证

（b）通用引物验证

M. DNA Marker DL2000；1 - 4. pBI121 - BvM14 - Cystatin 重组载体

图 3 - 3 - 19　pBI121 - BvM14 - Cystatin 重组载体的 PCR 验证

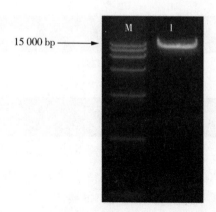

M. DNA Marker DL15000；1. pBI121 – BvM14 – Cystatin 重组载体的双酶切产物

图 3 – 3 – 20　pBI121 – BvM14 – Cystatin 重组载体的双酶切验证

由图 3 – 3 – 19 和图 3 – 3 – 20 可知，pBI121 – BvM14 – Cystatin 重组载体构建成功。

3.5.2　植物表达载体 pBI121 – BvM14 – Cystatin 转化根癌农杆菌

利用电转化法将构建好的植物表达载体 pBI121 – BvM14 – Cystatin 转化根癌农杆菌 EHA105，并利用通用引物和基因特异引物进行 PCR 反应，验证阳性克隆子。结果如图 3 – 3 – 21 所示，pBI121 – BvM14 – Cystatin 重组载体成功转化根癌农杆菌 EHA105。

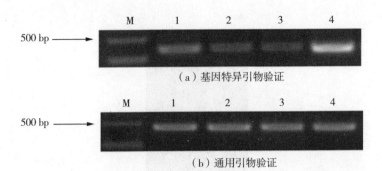

（a）基因特异引物验证

（b）通用引物验证

M. DNA Marker DL2000；1 - 4. pBI121 - BvM14 - Cystatin 重组载体

图 3 - 3 - 21　阳性克隆子的 PCR 验证

3.5.3　利用花序侵染法获得 T_0 代阳性植株

利用转化 pBI121 - BvM14 - Cystatin 的根癌农杆菌，侵染待转化的拟南芥植株，收取其种子。将收取的种子种植在 MS 平板（含 Kana 60 μg/mL）上，筛选 T_0 代阳性植株。筛选结果如图 3 - 3 - 22 所示。

（a）MS平板(含Kana 60 μg/mL)筛选

（b）MS平板(含Kana 60 μg/mL)筛选

（c）移入土壤中生长

（d）移入土壤中生长

图 3 - 3 - 22 T₀ 代阳性植株的筛选

在含 Kana 60 μg/mL 的 MS 平板筛选下,大部分幼苗发生黄化,仅有少数幼苗正常生长。将绿色幼苗移至土壤中于正常条件下培养,获得 T_0 代阳性植株共 9 棵,转化效率约为 2%。

3.5.4 获得 T_2 代纯合株系植株

将绿色幼苗移入盆中,待 T_0 代阳性植株的绿色幼苗长大,结荚收取种子进行 T_1 代阳性植株的筛选。将筛选得到的 T_1 代阳性植株的种子种植,收取不同 T_1 代阳性植株的种子。将收取的种子种植在含 Kana 60 μg/mL 的 MS 平板上,筛选 T_2 代纯合株系。筛选结果如图 3 - 3 - 23 所示。

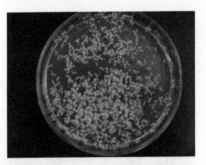

（a）野生型拟南芥在MS平板(含Kana 60 μg/mL)上的生长情况

（b）T$_2$代纯合株系植株在MS平板(含Kana 60 μg/mL)上的生长情况

图 3 - 3 - 23　T$_2$代纯合株系植株的筛选

观察不同株系 T$_2$代幼苗的 Kana 抗性,发现 Line1（2）和 Line2（6）株系 T$_2$代幼苗无黄化现象出现,确定这两个株系为纯合株系。

3.5.5　T$_2$代纯合株系植株的分子生物学检测

3.5.5.1　T$_2$代纯合株系植株的 PCR 鉴定

采用 CTAB 法提取 Line1（2）和 Line2（6）株系 T$_2$代幼苗的基因组 DNA,用基因特异引物 Zs 和 Zas 进行 PCR 验证,结果如图 3 - 3 - 24 所示。

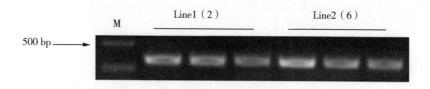

M. DNA Marker DL2000

图 3 - 3 - 24　T$_2$ 代纯合株系植株基因组 DNA PCR 鉴定

由图 3 - 3 - 24 可知,Line1(2)和 Line2(6)株系 T$_2$ 代幼苗均为纯合株系植株。

3.5.5.2　T$_2$ 代纯合株系植株的 RT - PCR 鉴定

提取 Line1(2)和 Line2(6)株系的 T$_2$ 代幼苗的叶总 RNA 进行反转录反应合成 cDNA 第一链,利用基因特异引物 Zs 和 Zas 进行 RT - PCR 反应,结果如图 3 - 3 - 25 所示。

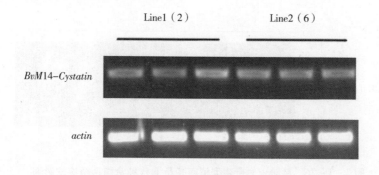

图 3 - 3 - 25　T$_2$ 代纯合株系植株的 RT - PCR 鉴定

由图可知,Line1(2)和 Line2(6)株系 T$_2$ 代幼苗为纯合株系植株。

3.5.6　T$_2$ 代纯合株系植株的耐盐性鉴定

(1)将培养 5 d 的对照组野生型拟南芥和 T$_2$ 代纯合株系植株幼苗分别移至含有 0 mmol/L、100 mmol/L、150 mmol/L NaCl 的 MS 平板上,处理 15 d 后,测定植株的根长和鲜重,结果如图 3 – 3 – 26 和图 3 – 3 – 27 所示。

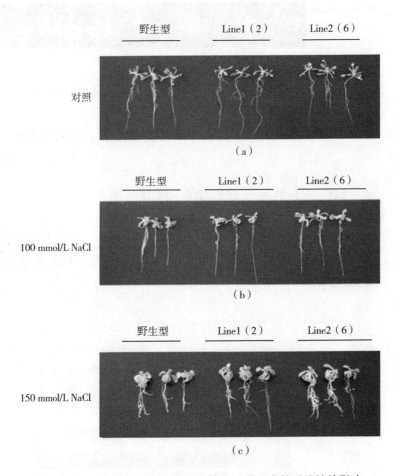

图 3 – 3 – 26　盐胁迫对野生型拟南芥及 T_2 代纯合株系植株的影响

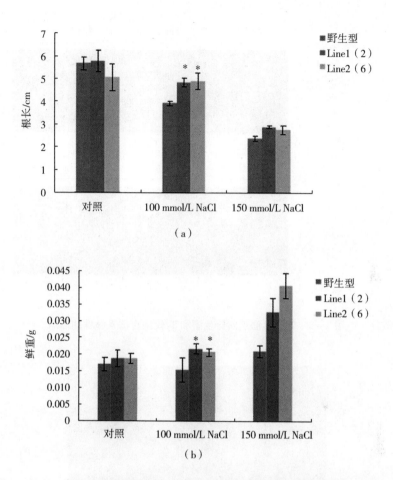

图 3 - 3 - 27　盐胁迫对野生型及 T_2 代纯合株系植株根长和鲜重的影响($P < 0.05$)

由图 3 - 3 - 26 和图 3 - 3 - 27 可知,在 100 mmol/L、150 mmol/L NaCl 的胁迫下,T_2 代纯合系植株的根长和鲜重均显著高于野生型植株。

(2)将培养 5 d 的野生型植株和 T_2 代纯合株系植株幼苗分别移至含有 0 mmol/L、175 mmol/L NaCl 的 MS 平板上,胁迫 25 d 后,测定植株的存活率。结果如图 3 - 3 - 28 和图 3 - 3 - 29 所示。

野生型　　　　　Line1（2）　　　　Line2（6）

对照

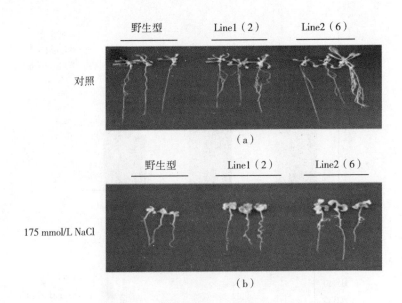

（a）

野生型　　　　　Line1（2）　　　　Line2（6）

175 mmol/L NaCl

（b）

图 3-3-28　盐胁迫对野生型和 T_2 代纯合株系植株的影响

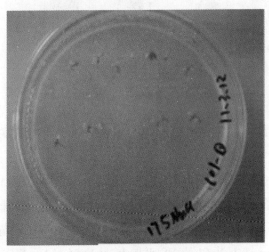

（a）野生型,175 mmol/L NaCl

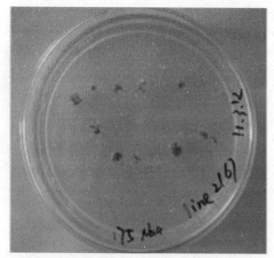

（b）Line2（6），175 mmol/L NaCl

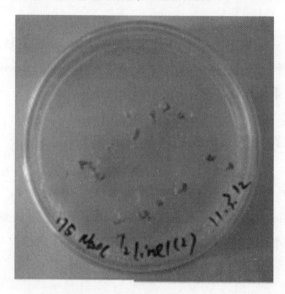

（c）Line1（2），175 mmol/L NaCl

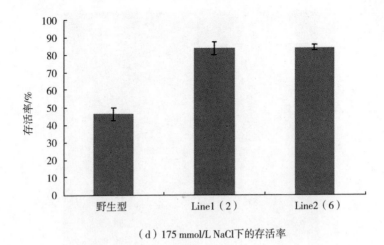

（d）175 mmol/L NaCl下的存活率

图 3 – 3 – 29   T$_2$ 代纯合株系和野生型植株盐胁迫下存活率检测

由图 3 – 3 – 28 和图 3 – 3 – 29 可知,Line2(6)、Line1(2)株系植株的存活率达到 80%,野生型植株的存活率约为 45%,表明在 175 mmol/L NaCl 胁迫下 T$_2$ 代纯合株系植株存活率显著高于野生型植株。

3.5.7   T$_2$ 代纯合株系植株的耐旱性鉴定

将培养 5 d 的 T$_2$ 代纯合株系植株和野生型植株幼苗,分别移至含有 0 mmol/L、200 mmol/L、350 mmol/L 甘露醇的 MS 平板上。处理 15 d 后,测定植株的根长和鲜重,结果如图 3 – 3 – 30 和图 3 – 3 – 31 所示。

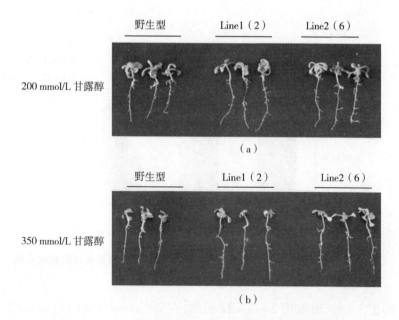

图 3 - 3 - 30　干旱胁迫对野生型及 T_2 代纯合株系植株的影响

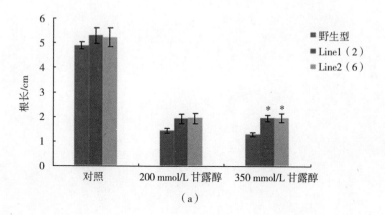

（a）

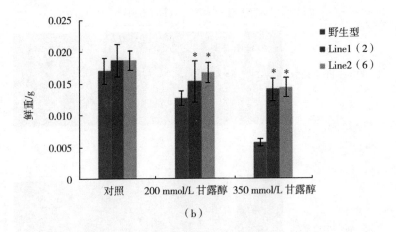

图 3 – 3 – 31　干旱胁迫对野生型及 T_2 代纯合株系植株根长和鲜重的影响

由图 3 – 3 – 30 和图 3 – 3 – 31 可知,在 200 mmol/L 和 350 mmol/L 甘露醇胁迫下,T_2 代纯合株系植株的根长和鲜重均显著高于野生型植株,表明转基因植株同野生型植株相比具有耐旱性。

第 4 章　讨论与结论

4.1　甜菜 M14 品系 *BvM*14 – *Cystatin* 基因 5′端的获得

通常 mRNA 的 5′端容易降解,因此利用 RACE 获得目的基因 cDNA 的 5′端相对较为困难。本书为了最大限度地获得目的基因的 5′端,采用了较为成熟的 SMART RACE,该技术具有操作步骤少、时间短等优点,降低了获得截断cDNA 的可能性。同时,为进一步提高扩增的特异性以及降低得到假阳性片段的可能性,又将 RACE 结合半巢式 PCR,进行两轮扩增反应。通常第一轮扩增后的产物呈现弥散状态,而第二轮扩增产物中出现特异条带,极大地提高了扩增的特异性,表明 RACE 结合半巢式 PCR 是扩增目的基因 cDNA 5′端的良好技术。

4.2　甜菜 M14 品系 *BvM*14 – *Cystatin* 基因表达分析

利用半定量 RT – PCR 对 *BvM*14 – *Cystatin* 基因在甜菜 M14 品系根、茎、叶、花中的表达情况进行分析,该基因在根、茎、叶、花中均有表达,在根和茎中表达量相对较高。这个结果与同属藜科的植物粒子苋(*Amaranthus hypochondriacus*)中半胱氨酸蛋白酶抑制剂基因(*AhCPI*)在各组织的表达情况相同。

4.3 甜菜 M14 品系 BvM14 – Cystatin 蛋白诱导表达及纯化

本书利用大肠杆菌原核表达体系进行甜菜 M14 品系 BvM14 – Cystatin 蛋白的诱导表达,并利用表达融合蛋白的 His 标签对 BvM14 – Cystatin 蛋白进行纯化。结果表明,原核表达的 BvM14 – Cystatin 蛋白经超声波破碎后,在菌体蛋白的上清液和沉淀中均大量存在。BvM14 – Cystatin 蛋白是具有抑制活性的蛋白质,而表达的 BvM14 – Cystatin 蛋白在上清液中大量存在,这为后续的蛋白质纯化提供了便利条件,保证了目的蛋白的活性,为蛋白酶抑制活性的测定奠定了良好基础。

4.4 甜菜 M14 品系 *BvM*14 – *Cystatin* 基因提高转基因植株耐盐性和耐旱性

甜菜 M14 品系 *BvM*14 – *Cystatin* 基因转化模式植物拟南芥获得 T_2 代纯合株系植株。在 NaCl 和甘露醇胁迫下转基因植株的根长和鲜重均高于野生型植株,在 175 mmol/L NaCl 胁迫下转基因植株的存活率显著高于野生型植株,这些结果表明 *BvM*14 – *Cystatin* 基因可提高植物对干旱和高盐等非生物胁迫的抗逆性,同时表明甜菜 M14 品系是发掘野生白花甜菜优质基因资源的良好材料。

在盐胁迫下,野生型植株和转基因植株的鲜重都有增加的趋势,但转基因植株的鲜重增加得更显著,这个结果与一些研究结果相似。推测这可能与植株高盐胁迫下叶片增厚,以保持体内水分有关。

4.5 结论

本书采用 SMART RACE 扩增获得甜菜 M14 品系 *BvM*14 – *Cystatin* 基因的 cDNA 全长(690 bp),该基因可编码 104 个氨基酸。对该基因编码蛋白质序列的结构域进行分析,证实该基因编码的蛋白质序列具有植物半胱氨酸蛋白酶抑制剂的保守功能域。对该基因编码的蛋白质序列进行系统发育分析,表明该蛋白质与菠菜中的 Cystatin 蛋白亲缘关系较近。

利用半定量 RT - PCR 对 *BvM14 - Cystatin* 基因在甜菜 M14 品系根、茎、叶、花中的表达情况进行分析,表明 *BvM14 - Cystatin* 基因在根、茎、叶、花中均有表达,在根和茎中表达量较高。

本书构建了 *BvM14 - Cystatin* 基因的原核表达载体 pET28a - BvM14 - Cystatin,并将其转化表达大肠杆菌 BL21(DE3)。确定在 0.1 mmol/L、28 ℃ 的条件下诱导,BvM14 - Cystatin 蛋白在菌体破碎后的上清液和沉淀中均有大量存在。利用上清液进行纯化,结果表明,利用含 200 mmol/L 咪唑的洗脱液进行目的蛋白的洗脱,效果较好,可得到大量目的蛋白。

对纯化得到的 BvM14 - Cystatin 蛋白的浓度进行测定,并对其抑制活性进行测定,结果表明,纯化得到的 BvM14 - Cystatin 蛋白抑制活性较好,在 BvM14 - Cystatin 蛋白浓度为 50 μg/mL 时,木瓜蛋白酶活性仅为对照组的 26.09%。

构建 *BvM14 - Cystatin* 基因的植物表达载体 pBI121 - BvM14 - Cystatin,将载体转化根癌农杆菌 EHA105。利用花序侵染法转化模式植物拟南芥,转化效率为 2%,最终经筛选、鉴定获得 T_2 代纯合株系植株。

分别采用 NaCl 和甘露醇对野生型植株和 T_2 代纯合株系植株幼苗进行胁迫处理,结果表明,T_2 代纯合株系植株的根长及鲜重均显著高于野生型植株。在 175 mmol/L NaCl 胁迫下,T_2 代纯合株系植株的存活率达到 80% 以上,而野生型植株为 45%。以上结果证明甜菜 M14 品系 *BvM14 - Cystatin* 基因可提高植物对高盐胁迫及干旱胁迫的抗逆性。

参考文献

[1]郭德栋,康传红,刘丽萍,等. 异源三倍体甜菜(VVC)无融合生殖的研究 [J]. 中国农业科学, 1999(3): 1 - 5.

[2]戈岩,何光存,郭德栋,等. 无融合生殖甜菜 M14 的 GISH 和 BAC - FISH 研究[J]. 中国科学(C 辑:生命科学), 2007, 37(3): 209 - 216.

[3]FANG XIAOHUA, GU SUHAI, XU ZHANYOU, et al. Construction of a binary BAC library for an apomictic monosomic addition line of *Beta corolliflora* in sugar beet and identification of the clones derived from the alien chromosome [J]. Theoretical and Applied Genetics, 2004, 108: 1420 - 1425.

[4]于冰,李海英,马春泉,等. 甜菜无融合生殖系花期差异表达基因 cDNA 文库的构建[J]. 高技术通讯, 2006, 16(9): 954 - 959.

[5]李海英,马春泉,于冰,等. 利用 mRNA 差异显示技术分离甜菜 M14 品 系特异表达基因的 cDNA 片段[J]. 植物研究, 2007, 27(4): 465 - 469.

[6]梅其文,胡伟明,吴烨东,等. 甜菜 M14 品系特异表达基因 ESTs 的生物 信息学分析[J]. 黑龙江大学自然科学学报, 2007, 24(5): 682 - 686, 688.

[7]王冰. 甜菜 M14 品系特异表达基因 M14 - 263 在模式植物中的表达研究 [D]. 黑龙江大学, 2008.

[8]汪立法. 甜菜 M14 品系特异表达基因 M14 - 341 在模式植物中的表达研 究[D]. 黑龙江大学, 2008.

[9]王宏建. 转 BvM14 - MADS box、BvM14 - Rab 基因烟草后代遗传特性的研 究[D]. 黑龙江大学, 2010.

[10]LI HAIYING, CAO HONGXIANG, WANG YUGUANG, et al. Proteomic analysis of sugar beet apomictic monosomic addition line M14[J]. Journal of Proteomics, 2009, 73: 297 – 308.

[11]Zamira A, Manuel M, Pilar C, et al. Structural and functional diversity within the cystatin gene family of *Hordeum vulgare* [J]. Journal of Experimental Botany, 2006, 57(15): 4245 – 4255.

[12]Rawlings N D, Barrett A J. Evolutionary families of peptidases [J]. Biochemical Journal, 1993, 290(1): 205 – 218.

[13]Barret A J. The cystatins: a new class of peptidase inhibitors[J]. Trends in Biochemical Sciences, 1987, 12: 193 – 196.

[14]Megdiche W, Passaquet C, Zourrig W, et al. Molecular cloning and characterization of novel cystatin gene in leaves cakile maritima halophyte [J]. Journal of Plant Physiology, 2009, 166: 739 – 749.

[15]Margis R, Reis E M, Villeret V. Structural and phylogenetic relationships among plant and animal cystatins [J]. Archive of Biochemistry and Biophysics, 1998, 359(1): 24 – 30.

[16]Christeller J T. Evolutionary mechanism acting on proteinase inhibitor variability[J]. The FEBS Journal, 2005, 272(22): 5710 – 5722.

[17]Abe K, Emori Y, Kondo H, et al. Molecular cloning of a cysteine proteinase inhibitor of rice (oryzacystatin): homology with animal cystatins and transient expression in the ripening process of rice seeds[J]. Journal of Biological Chemistry, 1987, 262(35): 16793 – 16797.

[18]Christova P K, Christov N K, Imai R. A cold inducible multidomain cystatin from winter wheat inhibits growth of the snow mold fungus, Microdochium nivale[J]. Planta, 2006, 223(6): 1207 – 1218.

[19]Nissen M S, Kumar G N M, Youn B, et al. Characterization of solanum tuberosum multicystatin and its structural comparison with other cystatins [J]. The Plant Cell, 2009, 21(3): 861 – 875.

[20]Turk B, Turk V, Turk D. Structural and functional aspects of papainlike cysteine proteinases and their protein inhibitors[J]. Biological Chemistry,

1997, 378(3 -4): 141 -150.

[21] WANG KEMING, Kumar S, CHENG YISHENG, et al. Characterization of inhibitory mechanism and antifungal activity between group - 1 and group - 2 phytocystatins from taro (*Colocasia esculenta*) [J]. The FEBS Journal, 2008, 275(20): 4980 -4989.

[22] Martinez M, Cambra I, Carrillo L, et al. Characterization of the entire cystatin gene family in barley and their target cathepsin L - like cysteine - proteases, partners in the hordein mobilization during seed germination[J]. Plant Physiology, 2009, 151(3): 1531 -1545.

[23] Martínez M, Rubio - Somoza I, Fuentes R. The barley cystatin gene (Icy) is regulated by DOF transcription factors in aleurone cells upon germination [J]. Journal of Experimental Botany, 2005, 56(412): 547 -556.

[24] Solomon M, Bellenghi B, Delledonne M, et al. The involvement of cysteine proteases and protease inhibitor genes in the regulation of programmed cell death in plants[J]. Plant Cell, 1999, 11(3): 431 -443.

[25] TIAN MIAOYING, Win J, SONG JING, et al. A phytophthora infestans cystatin - like protein targets a novel tomato papain - like apoplastic protease [J]. Plant Physiology, 2007, 143(1): 364 -377.

[26] Van der Vyver C, Schneidereit J, Driscoll S, et al. Oryzacystatin I expression in transformed tobacco produces a conditional growth phenotype and enhances chilling tolerance[J]. Plant Biotechnology Journal, 2003, 1 (2): 101 -112.

[27] Urwin P E, Lilley C J, McPherson M J, et al. Resistance to both cyst and root - knot nematodes conferred by transgenic *Arabidopsis* expressing a modified plant cystatin[J]. The Plant Journal, 1997, 12(2): 455 -461.

[28] Aguiar J M, Franco O L, Rigden D J, et al. Molecular modeling and inhibitory activity of cowpea cystatin against bean bruchid pests[J]. Proteins: Structure, Function, and Bioinformatics, 2006, 63(3): 662 -670.

[29] Martinez M, Abraham Z, Gambardella M, et al. The strawberry gene Cyf1 encodes a phytocystatin with antifungal properties [J]. Journal of

Experimental Botany, 2005, 56(417): 1821 - 1829.

[30] Valdés - Rodríguez S, Guerrero - Rangel A, Melgoza - Villagómez C, et al. Cloning of a cDNA encoding a cystatin from grain amaranth (*Amaranthus hypochondriacus*) showing a tissue - specific expression that is modified by germination and abiotic stress [J]. Plant Physiology and Biochemistry, 2007, 45(10 - 11): 790 - 798.

[31] 李平华. 盐胁迫下盐地碱蓬液泡膜质子泵表达分析及过量表达 SsNHX1 - AVP1 对拟南芥耐盐性的影响[D]. 山东师范大学, 2003.

[32] Hwang J E, Hong J K, Lim C J, et al. Distinct expression patterns of two *Arabidopsis* phytocystatin genes, AtCYS1 and AtCYS2, during developmentand abiotic stresses [J]. Plant Cell Reports, 2010, 29: 905 - 915.

[33] Pernas M, Sánchez - Monge R, Salcedo G. Biotic and abiotic stress can induce cystatin expression in chestnut [J]. FEBS Letters, 2000, 467: 206 - 210.

[34] Belenghi B, Acconcia F, Trovato M, et al. AtCYS1, a cystatin from *Arabidopsis thaliana*, suppresses hypersensitive cell death [J]. European Journal of Biochemistry, 2003, 270(12): 2593 - 2604.

[35] WANG WANGXIA, Vinocur B, Altman A. Plant responses to drought, salinity and extreme temperatures: towards genetic engineeringfor stress tolerance[J]. Planta, 2003, 218(1): 1 - 14.

[36] Zhang X, Liu S, Takano T. Two cysteine proteinase inhibitors from *Arabidopsis thaliana*, AtCYSa and AtCYSb, increasing the salt, drought, oxidationand cold tolerance[J]. Plant Molecular Biology, 2008, 68(1 - 2): 131 - 143.

[37] Frohman M A, Dush M K, Martin G R. Rapid production of full - length cDNAs from rare transcripts: amplification using a single gene - specific oligonucleotide primer [J]. Proceedings of the National Academy of Sciences, 1988, 85(23): 8998 - 9002.

[38] 郑阳霞, 李焕秀, 严泽生. RACE 技术及其在植物基因研究中的应用

[J]. 安徽农业科学, 2008, 36(7): 2674-2676.

[39] 陈启龙. RACE 技术的研究进展及其应用[J]. 黄山学院学报, 2006, 8 (3): 95-98.

[40] 赵献芝, 李静, 李琴. RACE 技术在动物基因克隆中的应用[J]. 上海畜牧兽医通讯, 2009(4): 50-51.

[41] Jami S K, Clark G B, Turlapati S A, et al. Ectopic expression of an annexin from *Brassica juncea* confers tolerance to abiotic and biotic stress treatments in transgenic tobacco[J]. Plant Physiology and Biochemistry, 2008, 46 (12): 1019-1030.

[42] LIN JUAN, ZHOU XUANWEI, GAO SHI, et al. cDNA cloning and expression analysis of a mannose-binding lectin from *Pinellia pedatisecta*[J]. Journal of Biosciences, 2007, 32(2): 241-249.

[43] 汪由, 吴禹, 王岩, 等. 五种常用的植物转基因技术[J]. 杂粮作物, 2010, 30(3): 186-189.

[44] 高建强, 梁华, 赵军. 植物遗传转化农杆菌浸花法研究进展[J]. 中国农学通报, 2010, 26(16): 22-25.

[45] 钟育海, 申艮宝. 植物基因的遗传转化方法[J]. 安徽农学通报, 2010, 16(11): 65-67.

[46] 陈再刚, 刘仁华, 胡廷章. 农杆菌介导法的植物遗传转化[J]. 重庆三峡学院学报, 2006, 22(3): 81-82, 103.

[47] 王志华, 夏英武. 水稻农杆菌介导转化关键因子研究进展[J]. 生物技术, 1998, 8(3): 5-9.

[48] 谢志兵, 钟晓红, 董静洲. 农杆菌属介导的植物细胞遗传转化研究现状[J]. 生物技术通讯, 2006, 17(1): 101-104.

[49] Terpe K. Overview of tag protein fusions: from molecular and biochemical fundamentals to commercial systems[J]. Applied Microbiology and Biotechnology, 2003, 60(5): 523-533.

[50] 李海涛, 宋朝君, 孙元杰, 等. 截短型 BAP31/GST 基因重组质粒的构建及融合蛋白的表达、纯化和鉴定[J]. 免疫学杂志, 2011, 27(1): 1-4.

[51] Lichty J J, Malecki J L, Agnew H D. Comparison of affinity tags for protein

purification［J］. Protein Expression and Purification, 2005, 41（1）: 98 – 105.

［52］刘爽, 胡宝成. 原核系统可溶性表达策略［J］. 生物技术通讯, 2005, 16 （2）: 172 – 175.

［53］陈伟, 韩波, 钱垂文, 等. 蓝藻抗病毒蛋白 – N 基因的克隆、表达、纯化 及活性鉴定［J］. 生物工程学报, 2010, 26(4): 538 – 544.

［54］李丛胜, 邱炎, 王艳春, 等. 幽门螺杆菌 HP0762 蛋白的原核表达纯化及 多克隆抗体制备［J］. 生物技术通讯, 2010, 21(2): 149 – 153.

［55］张海淼, 刘孝菊, 田海山, 等. 人表皮生长因子融合蛋白的表达及纯化 工艺的优化［J］. 中国生物工程杂志, 2010, 30(3): 74 – 78.

［56］李淑娟, 孙永亮, 胡道道, 等. 金属螯合亲和层析介质用于六聚组氨酸 融合蛋白的纯化研究［J］. 生物工程学报, 2007, 23(5): 941 – 946.

［57］于冰, 李海英, 张绍军, 等. 用 TRIzol 试剂一步法提取甜菜花蕾中的总 RNA 的提取［J］. 黑龙江大学自然科学学报, 2004, 21(1): 138 – 140.